合格 80点 / 100

月　日

●整数と小数

① 整数と小数のしくみをまとめよう

[整数と小数では、0から9の数字が書かれた位置によって、何の位か… …まります。]

1 次の□に、あてはまる漢字や分数を書きましょう。 教 上9ページ① 20点(1つ5)

① 5843で、8は［百］の位、4は□の位です。

② 5.843で、8は［$\frac{1}{10}$］の位、4は□の位です。

2 次の□にあてはまる数字を書きましょう。 教 上10ページ④ 20点(1題10)

① 34.293＝10×□＋1×□＋0.1×□＋0.01×□＋0.001×□

② 1.021＝1×□＋0.1×□＋0.01×□＋0.001×□

3 次の□にあてはまる不等号を書きましょう。 教 上10ページ△2 20点(1つ5)

① 0□0.5

② 3.51□3.509

③ 5.901□6

④ 5□5.04－0.4

4 次の①～④の数は、0.001を何こ集めた数ですか。 教 上11ページ2 20点(1つ5)

① 0.009 (　　　)

② 0.036 (　　　)

③ 0.765 (　　　)

④ 1.3 (　　　)

⚠ミスに注意!

5 0～9の数字を書いたカードが1まいずつあります。これを下の□にあてはめて、次の数をつくりましょう。 教 上11ページ3 20点(1つ10)

① いちばん大きい数

□□.□□□

② 4にいちばん近い数

□.□□□□

教科書 上8～11ページ

時間 15分　合格 80点　/100　月　日

サクッとこたえあわせ　答え 79ページ

●整数と小数

① 整数と小数のしくみをまとめよう……(2)

[小数や整数を 10 倍、100 倍、…すると、位はそれぞれ 1 けた、2 けた、…上がります。]

1 83.2、832 は、それぞれ 8.32 を何倍した数ですか。 教 上12ページ4

20点(1つ10)

① 83.2 は、8.32 を □ 倍した数です。

② 832 は、8.32 を □ 倍した数です。

2 次の計算をしましょう。 教 上12ページ5

30点(1つ5)

① 6.28×10= □　② 24.3×10= □

③ 2.17×100= □　④ 98.3×100= □

⑤ 5.62×1000= □　⑥ 48.3×1000= □

[小数や整数を $\frac{1}{10}$、$\frac{1}{100}$、…にすると、位はそれぞれ 1 けた、2 けた、…下がります。]

3 5.38、0.538 は、それぞれ 53.8 を何分の一にした数ですか。 教 上13ページ6

20点(1つ10)

① 5.38 は、53.8 を □ にした数です。

② 0.538 は、53.8 を □ にした数です。

4 次の計算をしましょう。 教 上13ページ7

30点(1つ5)

① 72.6÷10= □　② 2.63÷10= □

③ 631.2÷100= □　④ 25.6÷100= □

⑤ 837.2÷1000= □　⑥ 73.8÷1000= □

教科書 上12～13ページ

15分　合格80点　/100

月　日

答え 79ページ

●直方体や立方体の体積

② 直方体や立方体のかさの比べ方と表し方を考えよう

1 もののかさの表し方 ……(1)

[直方体や立方体の体積(たいせき)は、1辺が1cmの立方体の数で表します。]

1 □にあてはまることばを書きましょう。 教 上17〜18ページ1 　30点(1つ10)

もののかさのことを、[体積]といいます。

1辺が1cmの立方体の体積を[1立方センチメートル]といい、

[　　　]と書きます。

2 1辺が1cmの立方体の積み木で作った、下の㋐、㋑の直方体の体積について、次の問いに答えましょう。 教 上17〜18ページ1 　40点(1つ10)

㋐

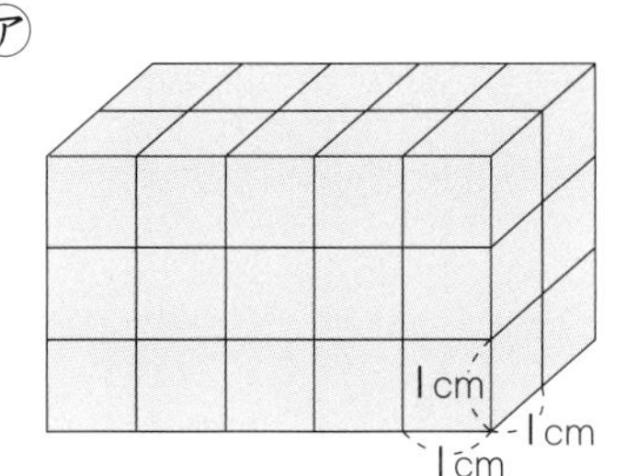

㋑

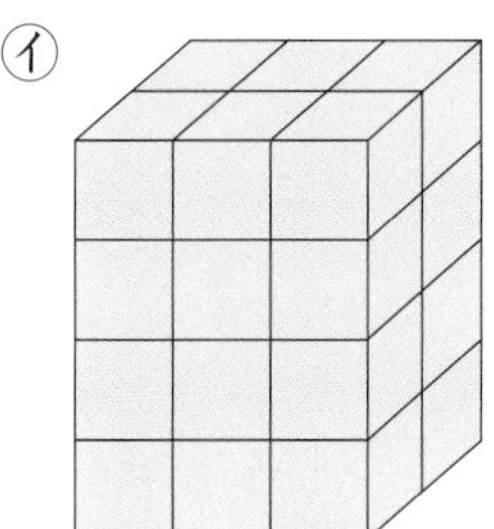

1辺が1cmの
立方体が何こ分
あるでしょう。

① □にあてはまる数を書きましょう。

㋐の直方体では、使った積み木の数は全部で[　　]こです。

② ㋑の体積は何 cm^3 ですか。 (　　　　)

③ ㋐と㋑の体積は、どちらが何 cm^3 大きいですか。

(　　　　)のほうが(　　　　)大きい。

3 下のような形の体積は何 cm^3 ですか。 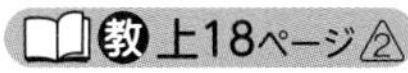 　30点(1つ15)

①

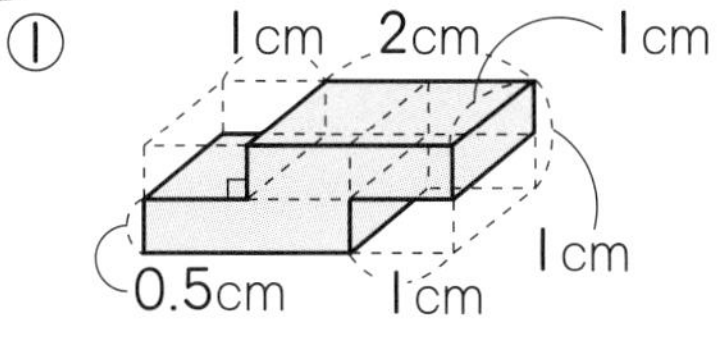

(　　　　)

②

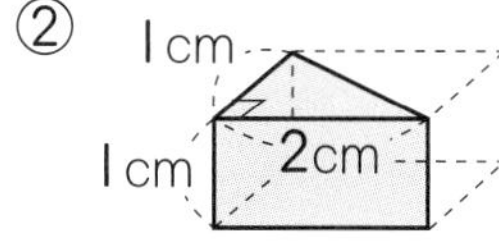

(　　　　)

教科書 上16〜18ページ

●直方体や立方体の体積

② 直方体や立方体のかさの比べ方と表し方を考えよう
1 もののかさの表し方 ……(2)

[直方体の体積＝たて×横×高さ、立方体の体積＝1辺×1辺×1辺　です。]

1 1辺が1cmの立方体の積み木を使って作る立方体について、次の問いに答えましょう。

教 上19ページ2　15点(①式5・答え5、②5)

① 1辺が3cmの立方体を作るには、積み木が何こいりますか。

式　　　　答え (　　　　)

② 1辺が3cmの立方体の体積は、何 cm^3 ですか。

(　　　　)

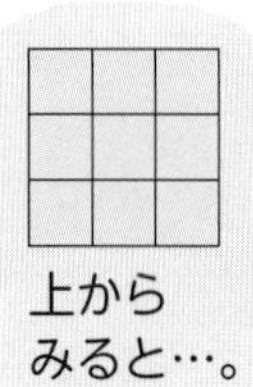

2 下の直方体や立方体の体積は何 cm^3 ですか。　

45点(式10・答え5)

①
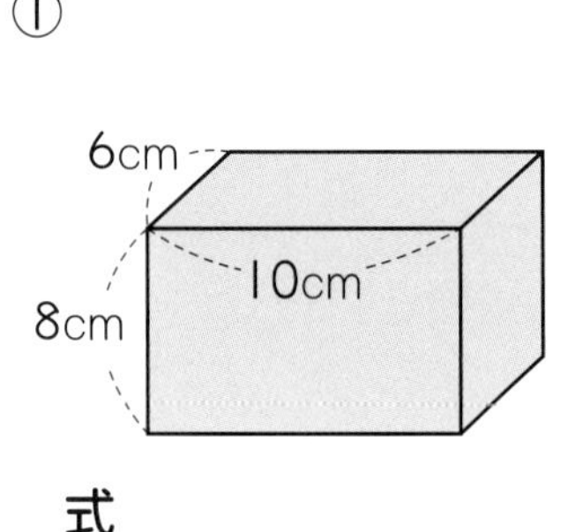

式

答え (　　　　)

②
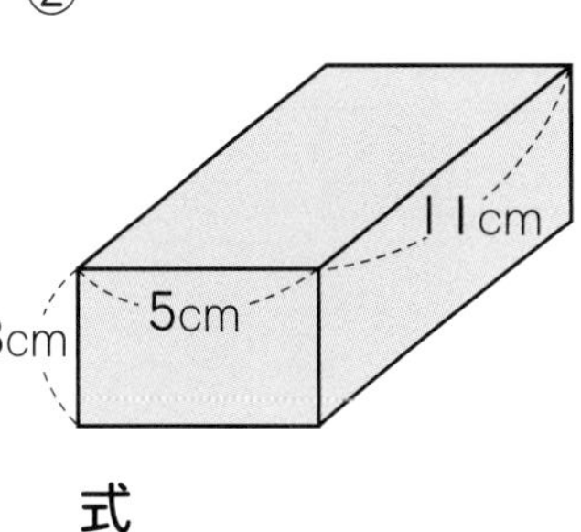

式

答え (　　　　)

③
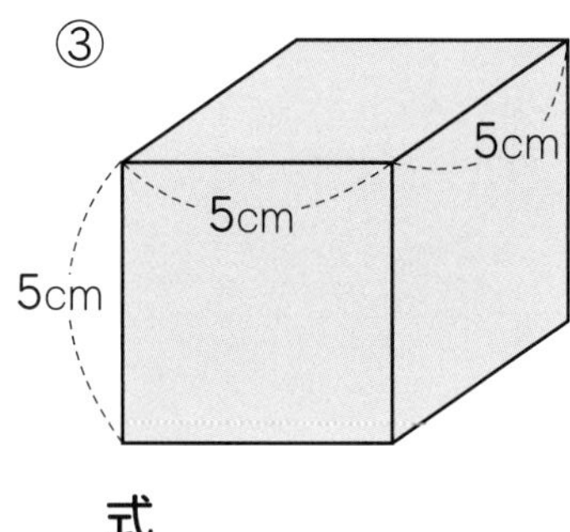

式

答え (　　　　)

ミスに注意!

3 下の図は直方体や立方体の展開図(てんかいず)です。この直方体や立方体の体積を求めましょう。

教 上20ページ4　40点(式10・答え10)

①
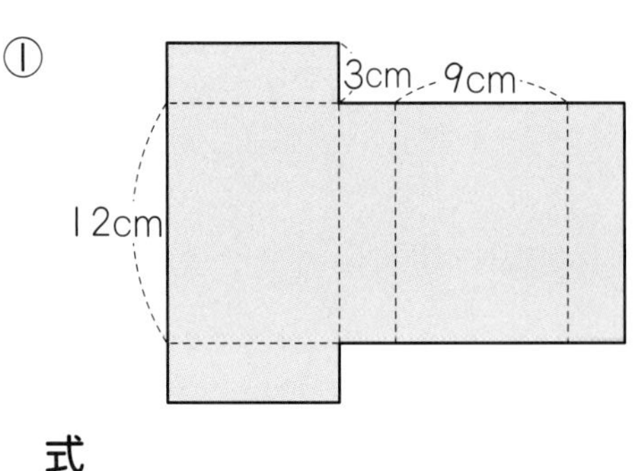

式

答え (　　　　)

②
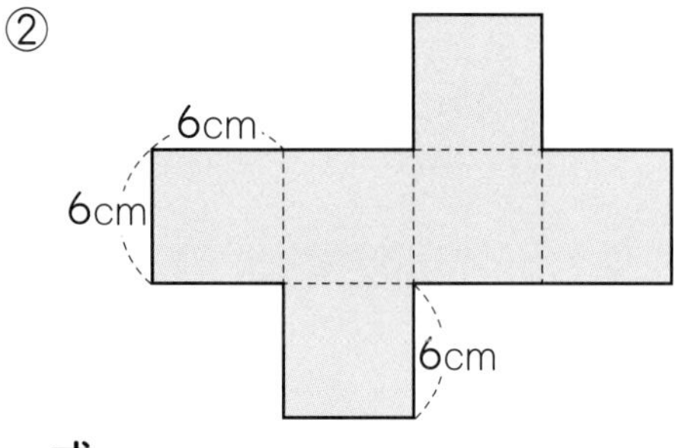

式

答え (　　　　)

合格 80点　　／100

月　日

答え 79ページ

●直方体や立方体の体積

② 直方体や立方体のかさの比べ方と表し方を考えよう

1　もののかさの表し方 ……(3)

[くふうして体積を求めます。]

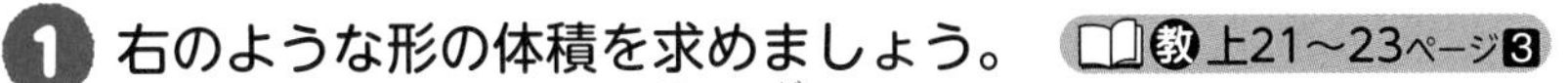

1 右のような形の体積を求めましょう。　教 上21～23ページ3　　40点(式5・答え5)

① まさみさんの考え(A(エー)とB(ビー) 2つの直方体をたす)

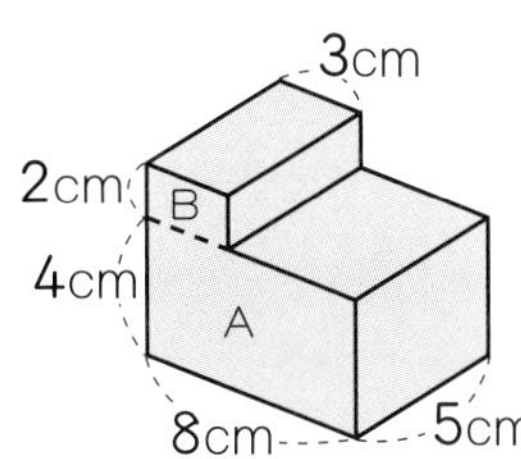

A　式　5×8×4＝160

B　式

A＋B　式

答え（　　　　　）

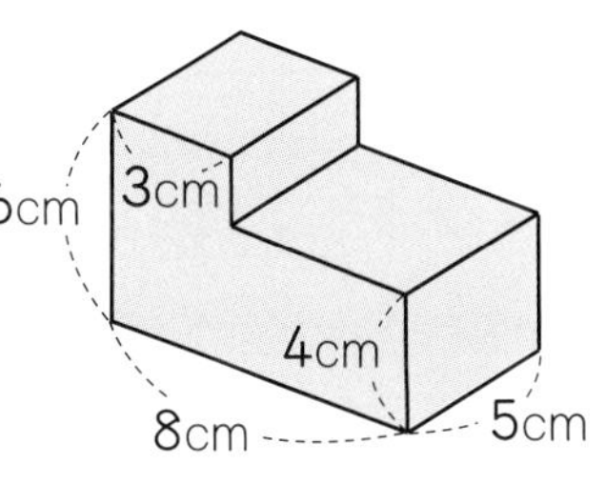

② まことさんの考え(大きな直方体Aから点線部分の直方体Bをひく)

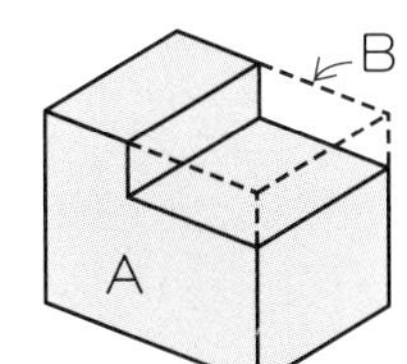

A　式

B　式

A－B　式

答え（　　　　　）

2 下のような形の体積を求めましょう。　教 上23ページ5　　60点(式10・答え10)

①

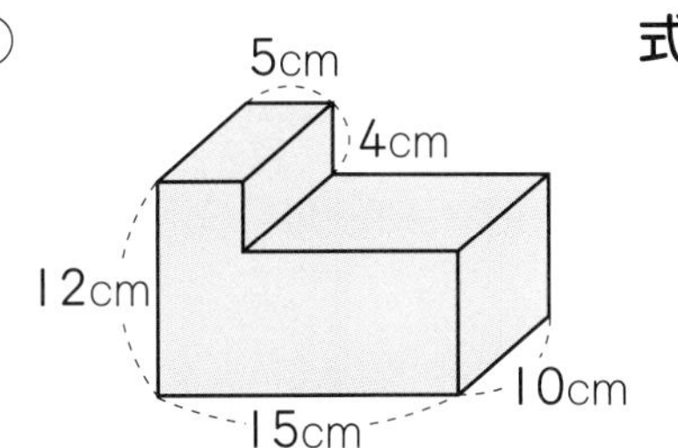

式

答え（　　　　　）

②

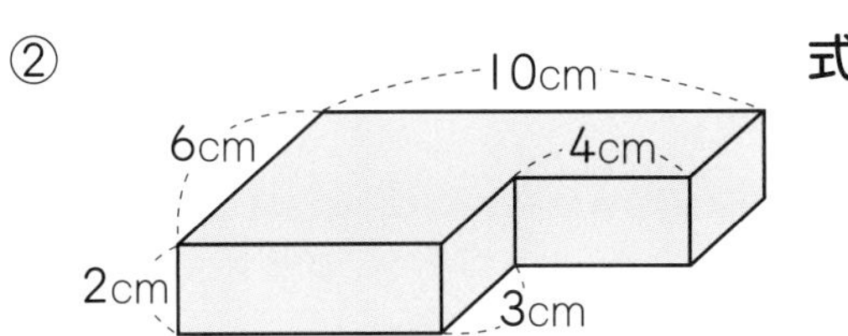

式

答え（　　　　　）

③

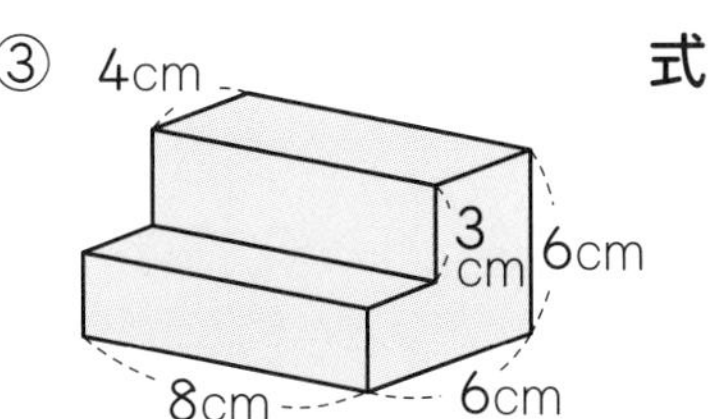

式

答え（　　　　　）

合格 80点　/100

月　日

●直方体や立方体の体積

② 直方体や立方体のかさの比べ方と表し方を考えよう

2 いろいろな体積の単位

1 □にあてはまる単位を書きましょう。 教 上26ページ1　10点(1つ5)

1辺が1mの立方体の体積を［立方メートル］といい、［　　］と書きます。

2 次の直方体や立方体の体積は何 m^3 ですか。 教 上27ページ⚠1　30点(式10・答え5)

① たて5m、横12m、高さ3mの直方体

5m　12m　3m

式

答え（　　　　）

② 1辺が4mの立方体

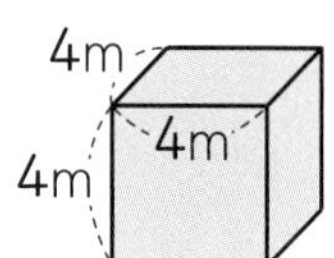

式

答え（　　　　）

［入れ物の容積（ようせき）の求め方は、体積の求め方と同じです。］

3 右の水そうの容積は何 cm^3 ですか。また、何Lですか。

教 上27〜29ページ2、⚠3　30点(式10・答え1つ10)

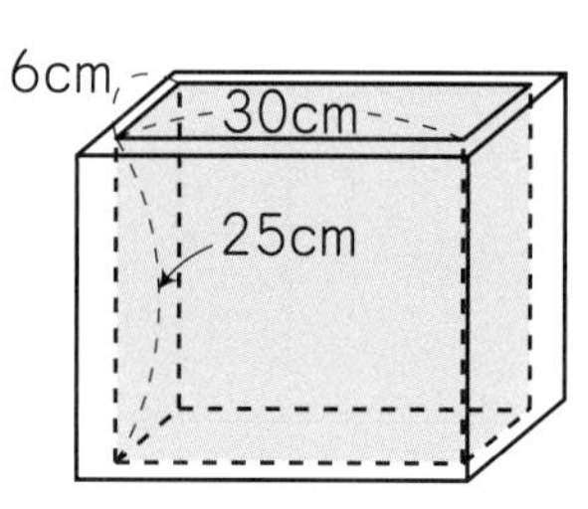

式

答え（　　　　）cm^3、（　　　　）L

4 □にあてはまる数や単位を書き、長さや面積、体積の単位の関係を整理しましょう。 教 上29ページ⑤　30点(1つ10)

1辺の長さ	1cm	10cm	1m
正方形の面積	1 cm^2	100 cm^2	1 m^2
立方体の体積	1 cm^3 1 □	□ cm^3 1L	1 m^3 1 □

時間15分　合格80点　／100

月　日

●比例

③ 変わり方を調べよう（1）　……（1）

［直方体で、たてと横の長さを変えず、高さを2倍、3倍、…にすると、体積も2倍、3倍、…になります。］

1 図のように、直方体のたて、横の長さを決めて、高さを変えていきます。

教 上33～34ページ1　64点（1つ8）

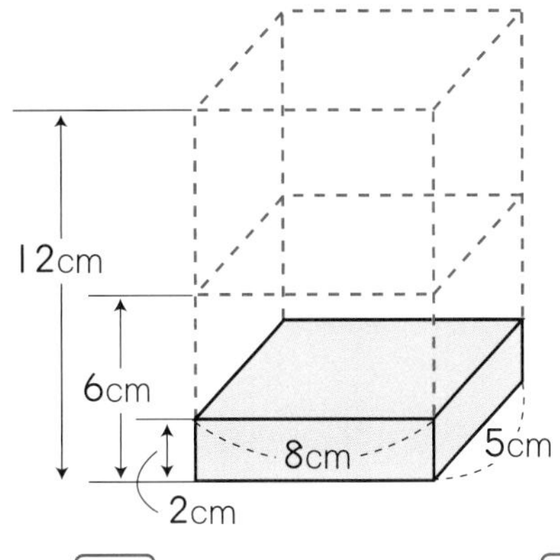

① □にあてはまる数を書きましょう。

直方体の高さが2cmのとき、体積は[80]cm³になります。

次に、高さを6cmに変えると、体積は5×[8]×6=□（cm³）になります。

これは、高さが2cmのときの体積の□倍になっています。□cmは2cmの3倍だから、高さが3倍になると、体積も□倍になることがわかります。

② 高さが12cmのときの体積は、高さが2cmのときの体積の何倍になりますか。

（　　　　）

よく読んで！

③ （　）にあてはまることばを書きましょう。

2つの量□と○があり、□が2倍、3倍、…になると、それにともなって○も2倍、3倍、…になるとき、「○は□に（　　　　　）」といいます。

2 たて6cm、横4cm、高さ2cmの直方体があります。　教 上33～34ページ1

36点（1つ9）

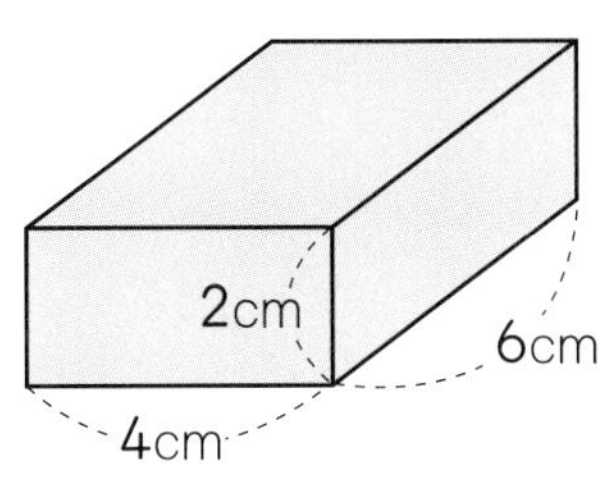

① この直方体の体積は何cm³ですか。

（　　　　）

② この直方体を3つ重ねると、高さは何cmになりますか。また、体積は何倍になりますか。

高さ（　　　　）　体積（　　　　）

③ 体積は高さに比例（ひれい）していますか。

（　　　　）

教科書 上32～34ページ

時間15分 合格80点 /100

月 日

答え 80ページ

●比例

③ 変わり方を調べよう（１） ……(2)

1 紙の厚さとまい数の関係を調べました。 教 上35ページ⚠ 40点（1つ20）

厚さ（cm）	１	2	3	4	5
まい数（まい）	85	１70	255	340	425

① 紙のまい数は、厚さに比例していますか。

（　　　　　）

② ①で、そのように考えた理由を書きましょう。

（　　　　　）

［買うえん筆の本数が２倍、３倍になると、その代金も２倍、３倍になります。］

2 えん筆の本数と代金の関係を調べます。 教 上36～37ページ3

60点（①10、②1つ5、③式10、答え10）

2倍　3倍　4倍

本数（本）	１	2	3	4	5	6	7
代金（円）	40	80	１20	１60	200	②	280

① 本数は、代金に比例していますか。

（　　　　　）

② えん筆を６本買います。次の□にあてはまる数を書きましょう。

㋐ ６本は１本の□倍だから、代金も□倍になります。

㋑ １本は40円だから、６本のときは、40×□＝□

代金は、□円になります。

③ えん筆を１2本買ったときの代金はいくらですか。

式

答え（　　　　　）

月　日

サクッとこたえあわせ
答え 80ページ

●小数のかけ算

④ かけ算の世界を広げよう ……(1)

[60×3.2 と 60×32 を比(くら)べると、後の式はかける数が 10 倍なので、積も 10 倍です。]

1 1Lのねだんが 60 円の水を、3.2 L 買ったときの代金を、2通りの考え方で求めました。次の□にあてはまる数を書きましょう。 教上41～44ページ1　20点(1題10)

① ・3.2 L は 0.1 L の［32］こ分。

・0.1 L のねだんは、60÷［10］(円)

・3.2 L の代金は、

(60÷□)×□ (円)

60×3.2＝60÷□×□＝□

答え □円

② ・水を 10 倍買うと、代金も［10］倍。

・32 L の代金は、60×［32］(円)

・3.2 L の代金は、

(60×□)÷□ (円)

60×3.2＝60×□÷□＝□

答え □円

2 次の計算をしましょう。 教上41～44ページ1　60点(1つ10)

① 20×3.1　② 30×4.2　③ 40×5.3　④ 50×2.2

⑤ 350×1.2　⑥ 220×3.5

0.1 が何こになるか考えよう。

3 1kg のねだんが 400 円の米があります。この米を 6.2 kg 買うと、代金はいくらですか。 教上44ページ⚠　20点(式10・答え10)

式

答え (　　　　)

月　日

サクッとこたえあわせ
答え 80ページ

●小数のかけ算
④ かけ算の世界を広げよう ……(2)

[1.3×1.2 と 13×12 を比べると、後の式は、かける数、かけられる数の両方が 10 倍です。]

1 次の□にあてはまる数を書きましょう。 教 上44〜45ページ 2　10点(1題5)

① 1.3×1.2 と 13×12 を比べると、13 は 1.3 の [10] 倍、12 は 1.2 の [10] 倍なので、13×12 の積は、1.3×1.2 の積の [100] 倍です。

② 13×12=[　　]なので、
1.3×1.2=[　　]÷[　　]=[　　]になります。

2 24×37=888 をもとにして、次の積を求めましょう。 教 上46ページ △2　15点(1つ5)

① 2.4×37　② 24×3.7　③ 2.4×3.7

3 答えの見当をつけてから、筆算で計算しましょう。 教 上46ページ △4　60点(1つ10)

① 3.1 × 2.3 = [9][3] / [6][2] / [　].[　][　]
② 2.93 × 3.2
③ 28.4 × 4.7
④ 28.3 × 6.08
⑤ 67 × 9.2
⑥ 243 × 5.4

●小数をかける筆算●
```
  1.3   →1けた
×2.1   →1けた   小数点以下
   13            1+1=2
  26             2けた
  2.73  ←        左に小数点
```
(かけ算は整数と同じ)

答えの見当をつけると、小数点の位置をまちがえないですむよ。

4 1mの重さが 2.7kg の鉄のぼうがあります。このぼう 3.4m の重さは何kgですか。
教 上44〜45ページ 2　15点(式10・答え5)

式

答え (　　　　)

時間 15分　合格 80点　／100　月　日

●小数のかけ算

④ かけ算の世界を広げよう ……(3)

[小数の最後のいらない0は消します。また、小数点の前に数字がなければ0を書きます。]

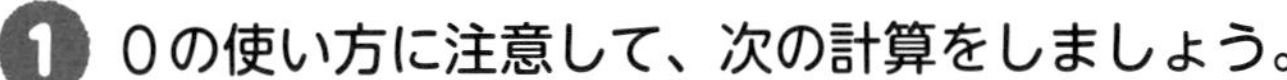

1 0の使い方に注意して、次の計算をしましょう。 教 上46ページ3　60点(1つ6)

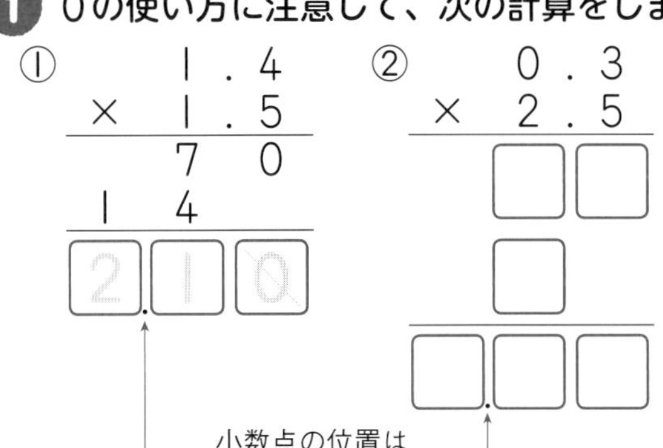

●0のある計算●

① 1.2 ×1.5 → 60, 12 → 1.80
小数の最後の0は不要なので消す。

② 0.2 ×3.6 → 12, 6 → 0.72
小数点の前に0を書く。

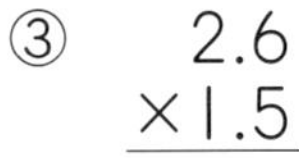

③ 2.6 ×1.5　④ 7.5 ×4.2　⑤ 2.16 × 9.5　⑥ 35 ×4.8

⑦ 0.4 ×1.4　⑧ 0.6 ×1.3　⑨ 0.74 × 1.3　⑩ 0.5 ×1.6

[1より小さい数をかけると、積はかけられる数より小さくなります。]

2 積が、11より小さくなるのはどれですか。 教 上48ページ6　4点(全部できて)

㋐ 11×1.1　㋑ 11×0.7　㋒ 11×1.4　㋓ 11×0.9

(　　　　　)

3 小数点の位置に注意して、筆算で計算しましょう。 教 48ページ7　36点(1つ6)

① 6.4 × 0.2 = 1.28　② 15.3×0.4　③ 0.8×0.7

④ 0.4×0.06　⑤ 1.4×0.5　⑥ 0.25×0.8

時間 15分　合格 80点　／100

月　日

●小数のかけ算

④ かけ算の世界を広げよう ……(4)

[辺の長さが小数でも、公式をそのまま使って、面積や体積をかけ算で求めることができます。]

1 面積を求めましょう。 教 上48ページ5 　20点(1つ10)

① 1辺が1.2 m の正方形

（　　　　）

② たて11.5 cm、横8.2 cm の長方形

（　　　　）

2 たて3.5 m、横4.3 m、高さ0.8 m の直方体の体積を求めましょう。

教 上48ページ5 　20点(式10・答え10)

式

答え（　　　　）

3 計算のきまりを使って、くふうして計算しましょう。 教 上49ページ8 　60点(1つ10)

① 23.5×6＝(23＋□)×6

＝23×□＋0.5×□

＝□＋□

＝□

② 19.8×3

③ 4×9.8×2.5

④ 3.7×0.4×5

⑤ 7.2×1.6＋2.8×1.6

⑥ 13.2×5.9－3.2×5.9

教科書 上48～49ページ

時間15分　合格80点　／100

答え 81ページ

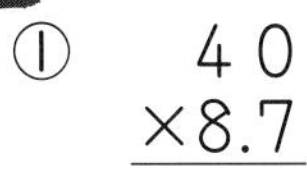

●小数のかけ算

④ かけ算の世界を広げよう

1 次の計算をしましょう。　60点(1つ5)

① 40×8.7　② 36×5.3　③ 2.7×7.8　④ 23.2×3.6

⑤ 7.8×3.49　⑥ 20.3×8.5　⑦ 3.8×4.5　⑧ 7.45×1.4

⑨ 0.2×4.9　⑩ 3.5×0.9　⑪ 0.95×0.67　⑫ 8.5×0.4

2 1mのねだんが240円のリボンがあります。このリボン4.2mの代金はいくらですか。　15点(式10、答え5)

式

答え（　　　）

3 計算のきまりを使って、くふうして計算しましょう。　10点(1つ5)

① 0.4×8.9×2.5　② 19.6×3.7＋0.4×3.7

4 次の□にあてはまる数やことばを書きましょう。　15点(1つ5)

① たて0.8m、横0.5mの長方形の面積は□m^2です。

② 1辺が4.7cmの正方形の面積は□cm^2です。

③ 9.7に1.03をかけると、積は9.7より□なります。

教科書 上40～51ページ

時間 15分　合格 80点　/100

月　日

答え 82ページ

●小数のわり算
⑤ わり算の世界を広げよう ……(1)

[小数でわる場合には、整数でわる場合と比(くら)べて、商が何倍になるのかを考えます。]

1 しょうゆを 1.5 L 買ったら、代金は 600 円でした。このしょうゆ 1 L のねだんを2通りの考え方で求めました。

次の□にあてはまる数を書きましょう。 教 上53〜56ページ 1

20点(①、②、③、答え、1つ5)

① 0.1 L のねだんを求め、10 倍する方法。

・1.5 L は、0.1 L の [15] こ分。

・0.1 L のねだんは、600÷[15] (円)

・1 L のねだんは、

600÷[15]×10 (円)

② 15 L のねだんを求め、15 でわる方法。

・15 L は、1.5 L の□倍。

・15 L のねだんは、600×□ (円)

・1 L のねだんは、

600×□÷□ (円)

③ 上の結果から、600÷1.5＝□　　答え □ 円

2 次の計算をしましょう。 教 上53〜56ページ 1　60点(1つ10)

① 90÷1.5　② 400÷2.5　③ 60÷1.2

④ 90÷1.8　⑤ 140÷3.5　⑥ 360÷4.5

3 はり金を 4.5 m 買ったら、代金は 180 円でした。このはり金 1 m のねだんはいくらですか。 教 上56ページ ⚠　20点(式10・答え10)

式

答え (　　　　)

教科書 上52〜56ページ

月　日

●小数のわり算

⑤ わり算の世界を広げよう ……(2)

1 次の計算をしましょう。 教 上56〜57ページ2 40点(1つ5)

① 1.2) 6.6 （例：商 5、6.60 − 60、60）
② 8.4) 54.6
③ 4.8) 26.4
④ 5.6) 19.6
⑤ 3.4) 25.5
⑥ 3.5) 24.5
⑦ 3.6) 14.4
⑧ 2.6) 88.4

2 63÷35＝1.8 をもとにして、次の商を求めましょう。 教 上58ページ△2 12点(1つ4)

① 6.3÷35　② 63÷3.5　③ 6.3÷3.5

(　　　)　(　　　)　(　　　)

3 次の計算をしましょう。 教 上58ページ3、△4 48点(1つ6)

① 3.4) 1.7 （例：商 0.5、1.70 − 170、0）
② 4.5) 2.7
③ 2.3) 1.61
④ 4.4) 3.3
⑤ 7.5) 2.1
⑥ 3.6) 9
⑦ 7.5) 57
⑧ 4.8) 36

合格 80点 /100

月　日

●小数のわり算

⑤ わり算の世界を広げよう ……(3)

[1より小さい数でわると、商はわられる数より大きくなります。]

1 商が、12より大きくなるのはどれですか。 教 上60ページ△5 10点(全部できて)

㋐ 12÷0.8　　㋑ 12÷1.5　　㋒ 12÷0.4

(　　　　)

2 筆算で、次の計算をしましょう。 教 上60ページ△6 40点(1つ10)

① 13.6÷0.2　　② 1.46÷0.4　　③ 0.93÷0.6　　④ 12÷0.8

[小数でわるときも、商を上から2けたのがい数で求めるには、上から3けためを四捨五入(ししゃごにゅう)します。]

3 商を四捨五入して、上から2けたのがい数で求めましょう。 教 上60ページ5

30点(1つ10)

① 1.4)3.9 (例：商 2.78…、3.900 − 28 = 110、110 − 98 = 120、120 − 112 = 8)

② 2.6)11.3

③ 4.2)18.4

4 3.2 mの鉄のぼうの重さをはかったら、9.8 kgありました。この鉄のぼう1 mの重さは何kgですか。四捨五入して、上から2けたのがい数で求めましょう。

教 上60ページ△7 20点(式10・答え10)

式

答え (　　　　)

教科書 上59〜60ページ

時間 15分　合格 80点　／100　　月　日

●小数のわり算

⑤ わり算の世界を広げよう ……(4)

[小数でわるわり算で、あまりの小数点は、わられる数のもとの小数点にそろえてうちます。]

1 右のような 2.3 m のテープがあります。このテープを、1人に 0.5 m ずつ配ることにしました。 教 上61ページ 6 40点(1題10)

① 式で表すと、2.3÷0.5＝[4]あまり[0.3]

2.3m
0.5m
(1人)

② 何人に配れますか。

(　　　　)

③ テープは何 m あまりますか。

(　　　　)

④ 検算(けんざん)の式は、0.5×□＋□＝2.3

●あまりの小数点●

$$\begin{array}{r} 4 \\ 0.5\overline{)2.3} \\ 2\,0 \\ \hline 0.3 \end{array}$$

あまりの小数点の位置は、もとのまま。

2 商は一の位まで求めて、あまりも出しましょう。また、検算もしましょう。

教 上61ページ 8 60点(答え5・検算5)

① 5.8÷0.9　　② 7.8÷2.8　　③ 9.6÷2.7

検算　　検算　　検算

④ 30.4÷8.4　　⑤ 18.3÷3.1　　⑥ 38÷5.3

検算　　検算　　検算

教科書 上61ページ

時間 15分　合格 80点　／100

月　日

サクッとこたえあわせ
答え 83ページ

●小数のわり算

⑤　わり算の世界を広げよう

1 次のわり算を、わりきれるまで計算しましょう。　48点(1つ6)

① 11.7÷4.5　② 22.8÷9.5　③ 37.7÷5.8　④ 2.17÷6.2

⑤ 63÷4.5　⑥ 36.4÷0.7　⑦ 11.8÷0.5　⑧ 6÷0.2

2 運動場で、面積が 20.8 m^2 になるような、長方形をかくことになりました。たての長さを 3.6 m にすると、横の長さは何 m にすればよいですか。
四捨五入(ししゃごにゅう)して、上から2けたのがい数で求めましょう。　16点(式10・答え6)

式

答え (　　　　)

3 商は一の位まで求めて、あまりも出しましょう。また、検算(けんざん)もしましょう。
36点(答え6・検算6)

① 17.4÷3.2　② 43.8÷4.6　③ 56÷6.1

検算

検算

検算

教科書 上52～63ページ

時間 15分　合格 80点　／100

小数の倍 ……(1)

[小数の倍にあたる大きさは、整数と同じように計算で求められます。]

1 大、小の２本のくぎがあります。大のくぎの重さは５g、小のくぎの重さは２gです。次の□にあてはまる数を書きましょう。

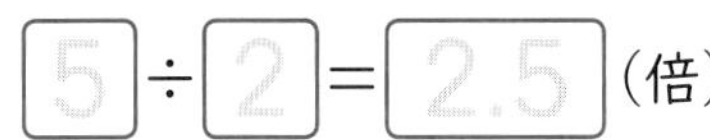

40点(1つ5)

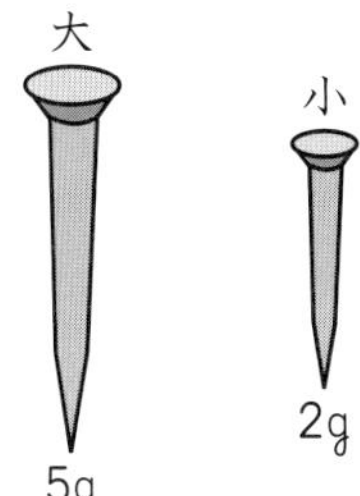

① 大のくぎの重さは、小のくぎの重さの何倍ですか。

5 ÷ 2 ＝ 2.5 (倍)

2.5倍というのは、□gを１とみたとき、□gが2.5にあたることを表しています。

② 小のくぎの重さは、大のくぎの重さの何倍ですか。

□ ÷ □ ＝ □ (倍)

[1.2が2.4の何倍にあたるかを計算するときなども、わり算を使います。]

2 右の表は、駅からそれぞれの場所までの道のりを表しています。□にあてはまる数を書きましょう。 教 上66ページ2

60点(1題20)

駅からの道のり

場所	道のり(km)
小学校	3.2
中学校	2.4
高　校	1.2
ようち園	1.6

① 中学校までの道のりをもとにすると、高校までの道のりは、1.2 ÷ 2.4 ＝ 0.5 なので、0.5 倍です。

② ようち園までの道のりをもとにしてつくった下の数直線を完成させましょう。

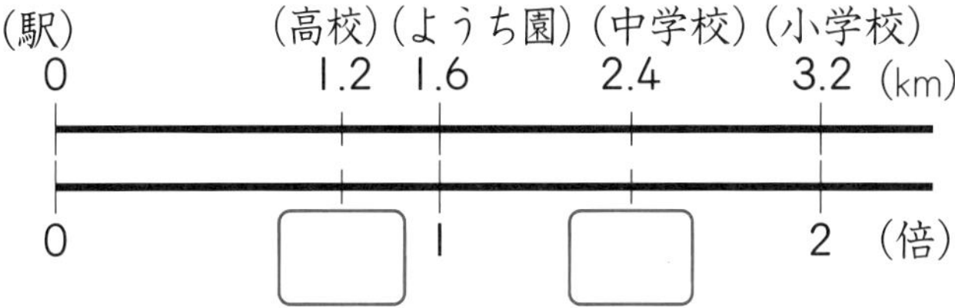

③ 小学校までの道のりを１とみたとき、中学校までの道のりは□に、ようち園までの道のりは□にあたります。

時間 15分 合格 80点 /100

月 日

サクッとこたえあわせ 答え 84ページ

小数の倍 ……(2)

1 A(エー)、B(ビー)、C(シー) 3つの容器(ようき)があり、Aには2Lの水が入ります。Aの容器をもとにすると、Bの容器には2.5倍、Cの容器には0.8倍の水が入ります。 教 上67ページ3

30点(式10・答え5)

① Bの容器には、どれだけの水が入りますか。

式

答え (　　　)

② Cの容器には、どれだけの水が入りますか。

式

答え (　　　)

2 下の数直線は、8mを1とみてかいたものです。□にあてはまる数を書きましょう。 教 上67ページ3

30点(1つ10)

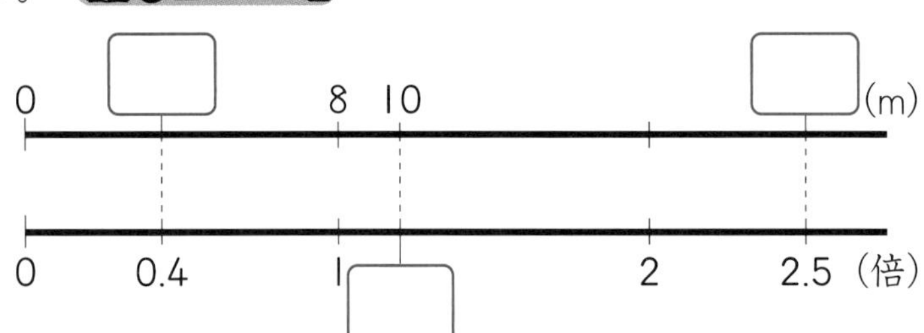

3 9kgの4.3倍、0.7倍の重さをそれぞれ求めましょう。 教 上67ページ3

40点(①1つ5、②式10・答え10)

① 4.3倍の重さ

式 [9]×[4.3]=38.7　　答え 38.7kg

上の式は、9kgを□とみたとき、□にあたる重さが38.7kgであることを表しています。

② 0.7倍の重さ

式

答え (　　　)

教科書 上67ページ

サクッとこたえあわせ

答え 84ページ

小数の倍 ……(3)

[もとにする大きさは、□を使ったかけ算の式から、逆算(ぎゃくさん)して求めます。]

1 犬のシロの体重は 20.8 kg です。これは、ねこのタマの体重の 3.2 倍です。タマの体重を求めます。 教 上68ページ4　40点(①15、②式15・答え10)

① タマの体重を□kg として、タマの体重とシロの体重の関係をかけ算の式で表しましょう。

(　　　　　)

② □にあてはまる数を求める式になおしてから、答えを求めましょう。

式

答え (　　　　　)

2 ある店で、プリンとヨーグルトの、2010 年のねだんと 2020 年のねだんは、それぞれ右のようになっています。 教 上69ページ5　60点(①式15・答え10、②10)

① プリンとヨーグルトの 2020 年のねだんは、それぞれ 2010 年のねだんの何倍になっていますか。

プリン　式

答え (　　　　　)

ヨーグルト　式

答え (　　　　　)

② ねだんの上がり方が大きいのはどちらですか。

(　　　　　)

教科書 上68～69ページ

合格 80点 /100

月　日

●合同な図形

⑥ 形も大きさも同じ図形を調べよう……(1)

[ぴったりと重ね合わすことができる2つの図形は、合同(ごうどう)であるといいます。]

1 下の㋐、㋑、㋒と合同な図形をあ～きから選び、記号で答えましょう。

教 上73～74ページ 1

30点(1つ10)

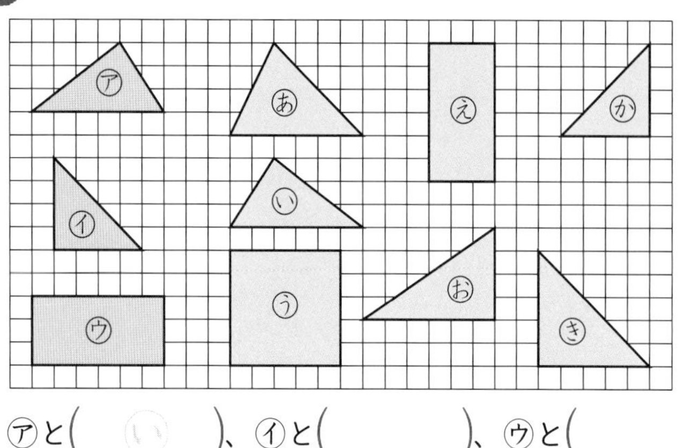

㋐と(い)、㋑と(　　　)、㋒と(　　　)

2 右の合同な三角形で、次の辺の長さや角の大きさを求めましょう。

教 上75ページ③

50点(1つ10)

① 辺 EF (　　　)

② 辺 ED (　　　)

③ 角 F (　　　)

④ 角 E (　　　)

⑤ 角 D (　　　)

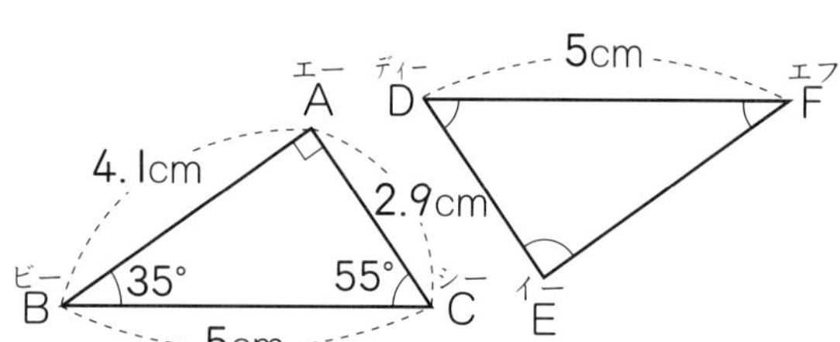

3 下の四角形を、対角線で三角形に分けます。

教 上76ページ 3

20点(1つ10)

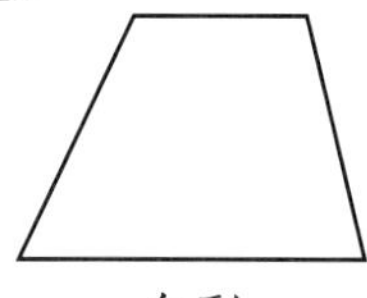
台形

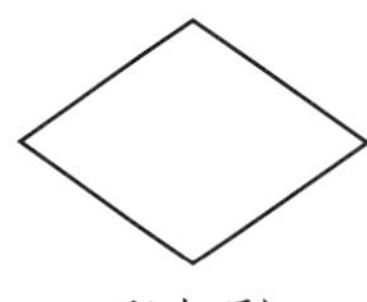
平行四辺形

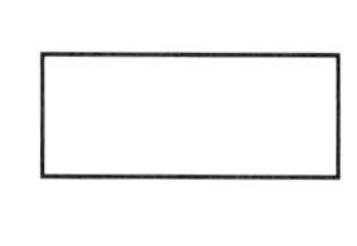
ひし形

長方形

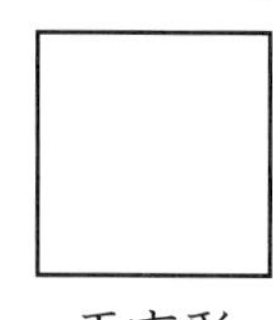
正方形

① 1本の対角線をひいて2つの三角形に分けるとき、2つの三角形が合同にならないものはどれですか。

(　　　)

② 2本の対角線をひいて4つの三角形に分けるとき、4つの三角形がどれも合同になるものはどれですか。全部答えましょう。

(　　　)

合格 80点 /100

月　日

●合同な図形

⑥ 形も大きさも同じ図形を調べよう……(2)

[図をかくときに使った辺や対角線、角に○印をつけておきましょう。]

1 右の三角形ＡＢＣ(エービーシー)と合同な三角形をかくには、どの辺の長さや角の大きさをはかればよいですか。①～⑥から全部選び、記号で答えましょう。 教 上77～80ページ4

20点(全部できて)

① 辺AB、辺BC、辺ACの長さ。
② 角A、角B、角Cの大きさ。
③ 角Aと角Bの大きさ。
④ 角Bの大きさと、辺AB、辺BCの長さ。
⑤ 辺ABと辺BCの長さ。
⑥ 角Aと角Bの大きさと、辺ABの長さ。

(　　　　　　)

A　B　C

合同な三角形では、対応(たいおう)する3つの辺の長さや対応する3つの角の大きさは等しいんだね。

2 下の線や角を使って、三角形をかきましょう。

教 上77～80ページ4、3　60点(1つ20)

①

4cm

(3つの辺が2cm、3cm、4cm)

②

45°

4cm

(2つの辺が4cm、3cmで、その間の角が45°)

③

4cm

(1つの辺が4cmで、その両はしの角が30°、60°)

3 必要なところの長さや角の大きさをはかり、下の図のような四角形をかきましょう。

教 上81ページ5　20点

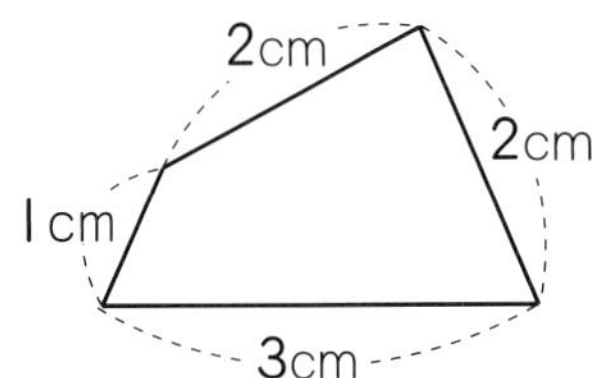

時間 15分　合格 80点　／100

整数と小数／直方体や立方体の体積

次の□にあてはまる数字を書きましょう。　20点(1題10)

① 795＝100×□＋10×□＋1×□

② 6.578＝1×□＋0.1×□＋0.01×□＋0.001×□

次の数を、10倍、100倍、$\frac{1}{10}$、$\frac{1}{100}$にした数を表に書きましょう。40点(1つ5)

	10倍	100倍	$\frac{1}{10}$	$\frac{1}{100}$
23	230	2300		
26.5				0.265
10.02		1002		

3 下の立方体や直方体の体積を求めましょう。　20点(式5・答え5)

①

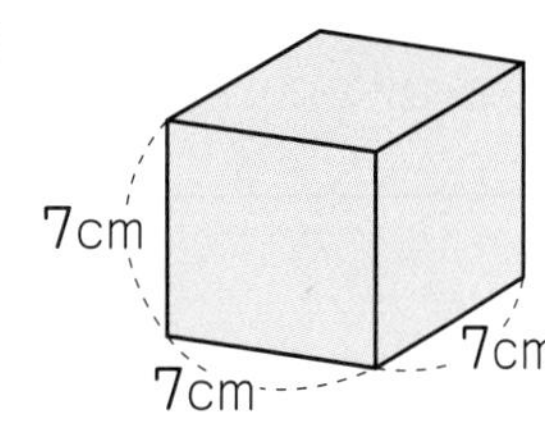

式

答え (　　　)

②

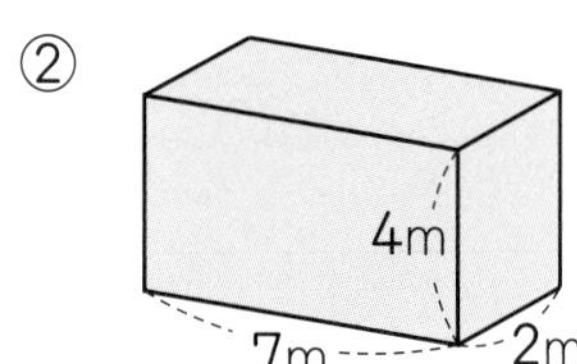

式

答え (　　　)

下のような立体の体積を求めましょう。　20点(式10・答え10)

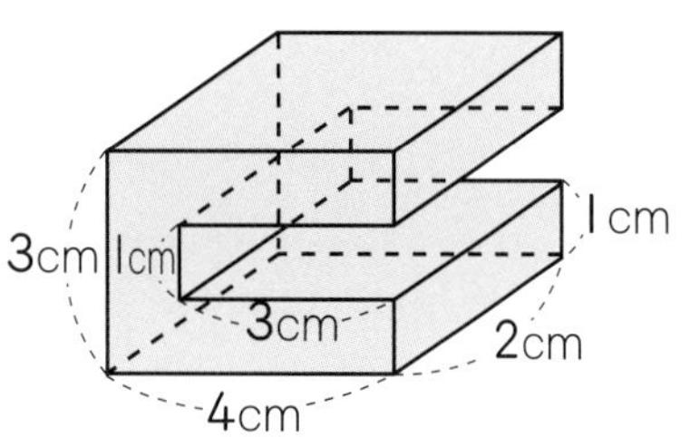

式

答え (　　　)

夏休みのホームテスト 25

時間 15分　合格 80点　／100

月　日

比例／小数のかけ算／小数のわり算

サクッとこたえあわせ

答え 85ページ

1 紙のまい数と重さの関係を調べました。　20点(1つ10)

まい数(まい)	10	20	30	40	50
重さ(g)	40	80	120	160	200

① 紙の重さは、まい数に比例(ひれい)していますか。

(　　　　　　)

② 紙のまい数が 200 まいのとき、重さは何 g ですか。

(　　　　　　)

2 次の計算をしましょう。わり算はわりきれるまで計算しましょう。　60点(1つ10)

① 3.8×1.4　② 10.8×2.3

③ 0.8×0.65　④ 1.44÷3.2

⑤ 3.15÷0.9　⑥ 12÷1.6

3 計算のきまりを使って、くふうして計算しましょう。　20点(1つ10)

① 0.5×7.62×2　② 1.9×2.5＋2.1×2.5

時間 15分　合格 80点　／100

月　日

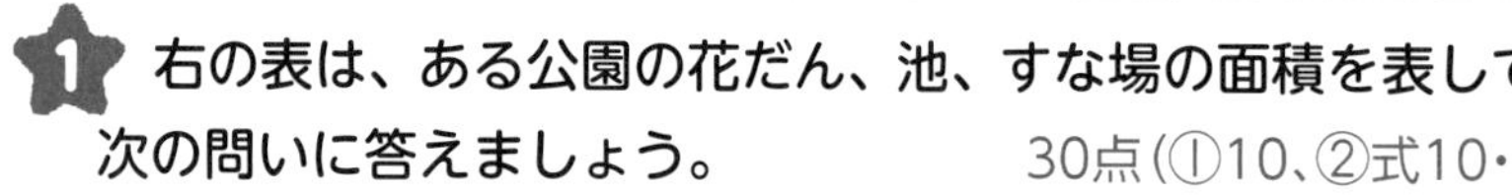

小数の倍／合同な図形

サクッとこたえあわせ
答え 85ページ

1 右の表は、ある公園の花だん、池、すな場の面積を表しています。次の問いに答えましょう。　30点（①10、②式10・答え10）

場所	面積（m^2）
花だん	48
池	60
すな場	25

① 花だんの面積を１とみたとき、池の面積はいくつにあたりますか。

（　　　　）

② 池の面積は、すな場の面積の何倍ですか。

式

答え（　　　　）

2 赤のテープの長さは48cmです。これは青のテープの長さの1.5倍です。青のテープの長さを□cmとして式に表し、長さを求めましょう。　30点（式20・答え10）

式

答え（　　　　）

3 右の２つの合同な四角形について、次の頂点（ちょうてん）や辺、角を答えましょう。　30点（1つ10）

① 頂点Aに対応（たいおう）する頂点（　　　　）

② 辺BCに対応する辺（　　　　）

③ 角Bに対応する角（　　　　）

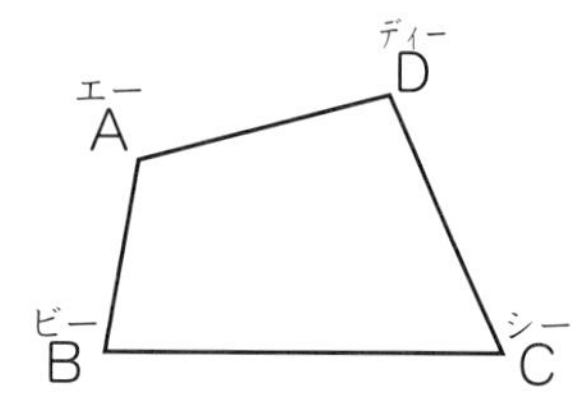

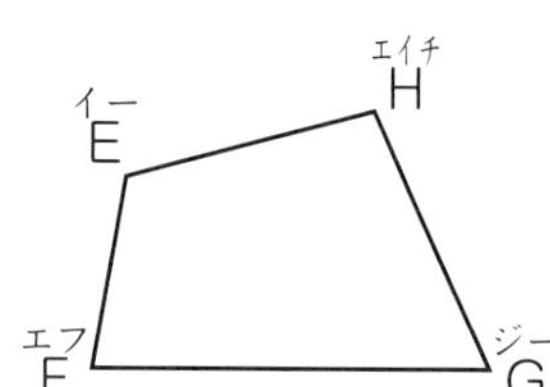

4 次の三角形をかいて、残りの辺の長さをはかって求めましょう。　10点

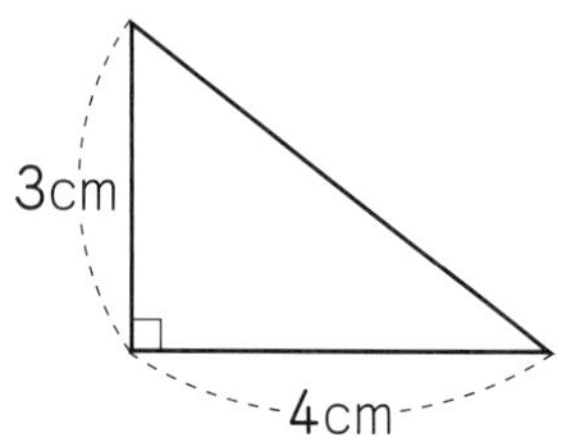

（　　　　）

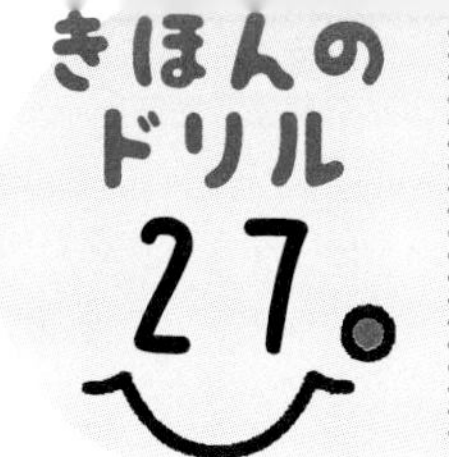

合格 80点 /100

月　日

答え 85ページ

●図形の角

⑦ 図形の角を調べよう

1 三角形と四角形の角 ……(1)

[三角形の3つの角の大きさの和は、180°です。]

1 2つの三角定規の角の大きさと、その和を□に書きましょう。 教 上85～86ページ1

20点(1題10)

① 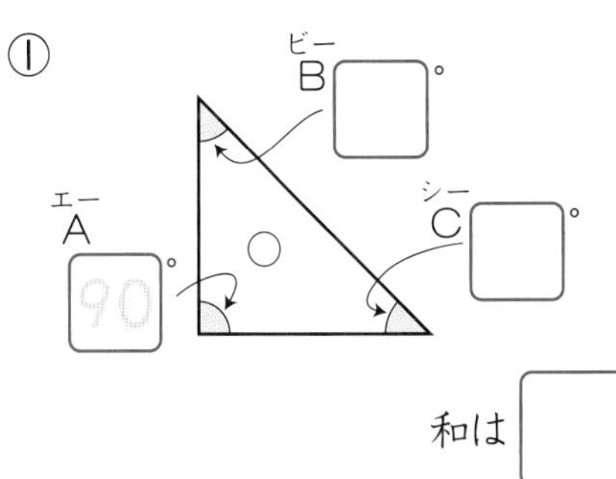

和は □°

② 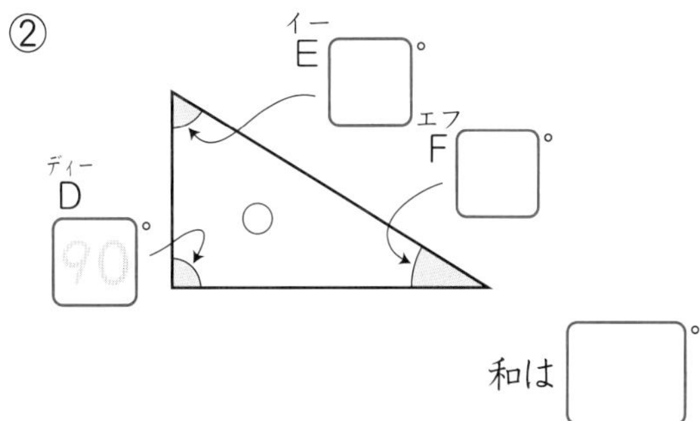

和は □°

2 次の三角形の角の大きさを分度器ではかり、その和を求めましょう。 教 上86ページ③

30点(1題10)

①

② 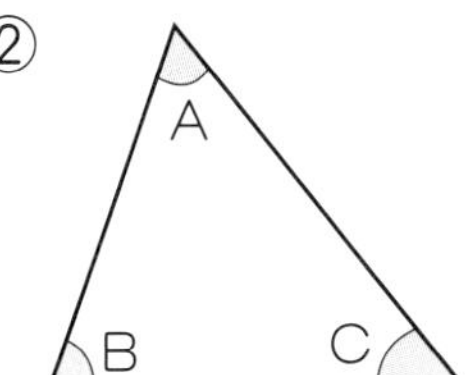

③ 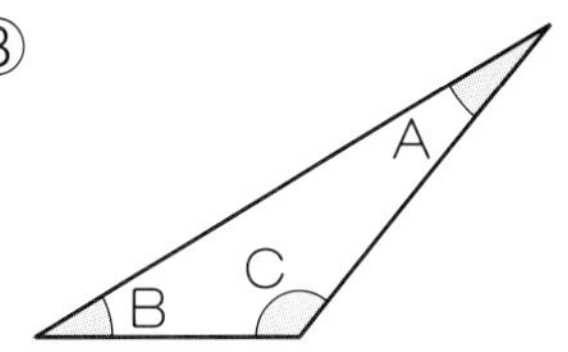

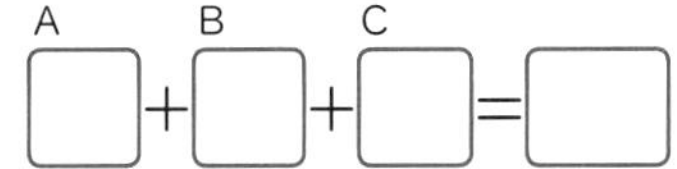

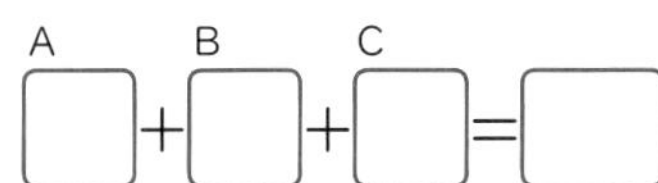

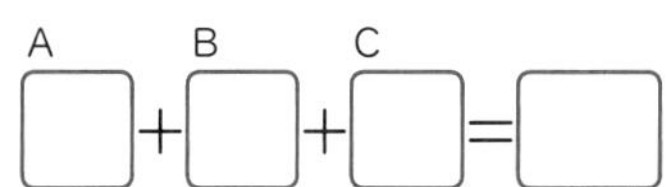

3 □の角度を計算で求めましょう。 教 上86ページ⚠

50点(1つ10)

① 55° 45° □°

② 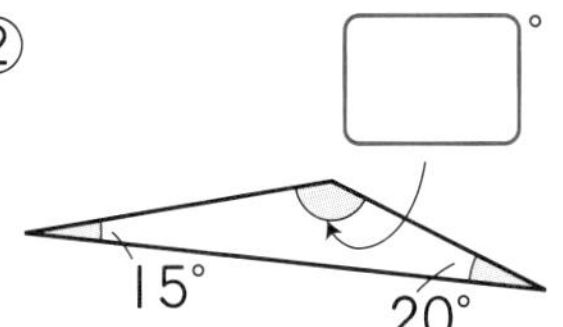

③ 110° 25° □°

④ 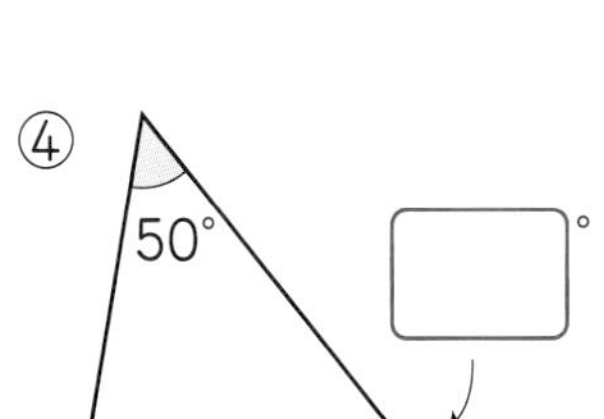

⑤ 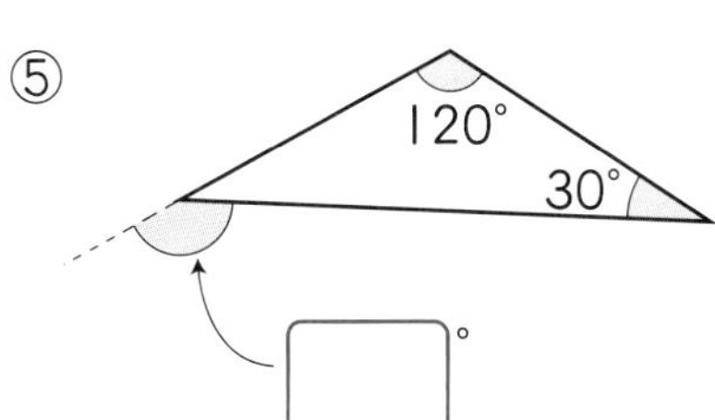

教科書 上84～86ページ

⑦ 図形の角を調べよう
I 三角形と四角形の角 ……(2)

[多角形の角の和は、多角形をいくつかの三角形に分けて考えます。]

1 次の□にあてはまる数やことばを書きましょう。 教上87～90ページ2

40点(1つ5)

① 対角線をひくと、四角形は[2]つの三角形に、五角形は[3]つの三角形に分けることができます。

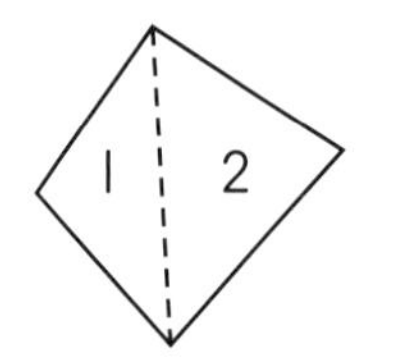

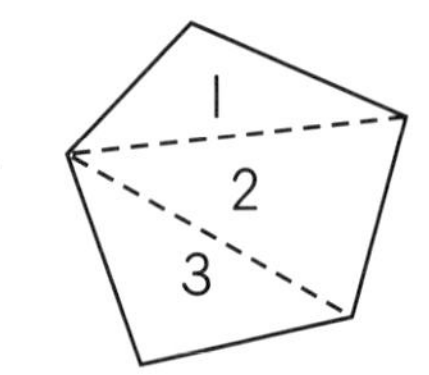

② Iつの三角形の角の大きさの和は180°なので、
四角形の角の大きさの和は、180×□=□、
五角形の角の大きさの和は、180×□=□

③ 三角形、四角形、五角形、……のように、□で囲（かこ）まれた図形を、□といいます。

2 □の角度を計算で求め、書きましょう。 教上87～90ページ2 40点(1つ10)

①
120°
70°
□°

②
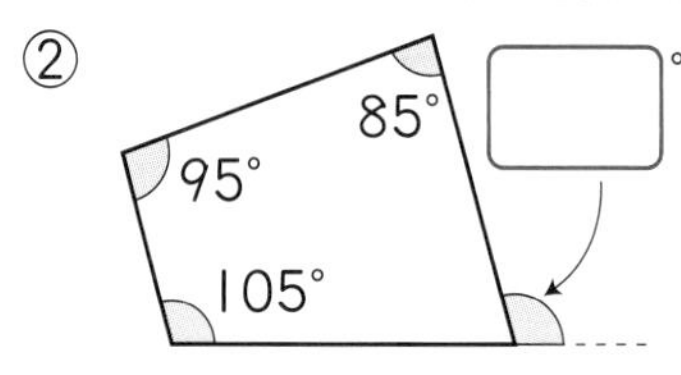

□°

③ (平行四辺形)
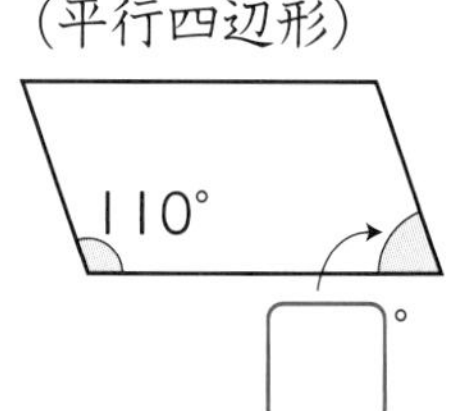

□°

④ (ひし形)
140°
□°

平行四辺形、ひし形は向かい合う角の大きさが等しいね。

3 九角形、十角形の角の大きさの和は、それぞれ何度ですか。 教上87～90ページ2 20点(1つ10)

九角形 (　　　) 十角形 (　　　)

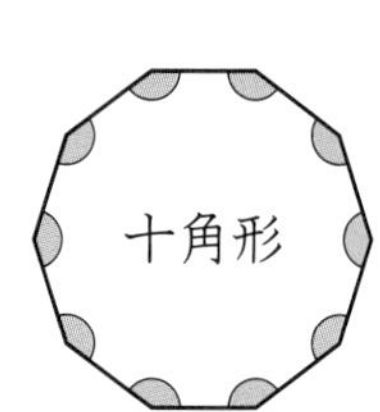

きほんのドリル 29。

時間 15分　合格 80点　/100

月　日

●図形の角

⑦ 図形の角を調べよう

2 しきつめ

[同じ大きさの四角形を何まいも使ってしきつめることができます。]

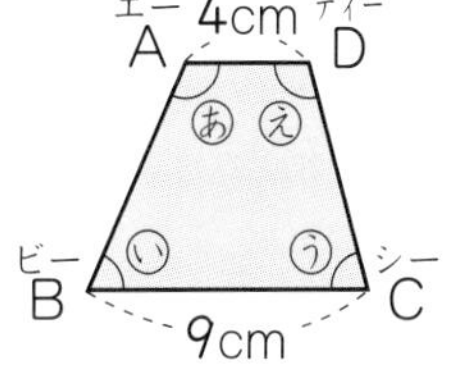

1 右の台形を下の図のようにしきつめます。次の問いに答えましょう。 教上91ページ1　80点(1つ10)

① 角あ、角い、角う、角えの大きさの和は何度ですか。

(　　　　)

② 角お、角か、角きはそれぞれ、角あ、角い、角う、角えのどの角と同じですか。

角お (　　　　)

角か (　　　　)

角き (　　　　)

③ 角う、角お、角か、角きの大きさの和は何度ですか。

(　　　　)

④ 辺ＤＥの長さは何 cm ですか。

(　　　　)

⑤ 辺ＣＦの長さは何 cm ですか。

(　　　　)

⑥ 四角形ＡＢＦＥは何という四角形ですか。

(　　　　)

2 どんな四角形でもしきつめることができる理由を次のように説明しました。□にあてはまる数を書きましょう。 教上91ページ1　20点(1つ10)

四角形の４つの角の大きさの和は□°だから、４つの角を□つの点に集めれば、どんな四角形でもしきつめられます。

教科書 上91ページ

時間15分　合格80点　/100

月　日

答え 86ページ

●偶数と奇数、倍数と約数

⑧ 整数の性質を調べよう

1 偶数と奇数

[整数は、2でわりきれるかどうかで、2つのなかまに分けることができます。]

1 次の□にあてはまることばを書きましょう。　教上96ページ②　10点(1つ5)

2でわりきれる整数を、［偶数］といい、

2でわりきれない整数を、［　　］といいます。

●整数のなかま分け●
・偶数（ぐうすう）　6＝2×3
・奇数（きすう）　7＝2×3＋1
奇数は1あまる

2 次の文で、正しいものには○、正しくないものには×を、(　)に書きましょう。
教上96ページ②、③、④　20点(1つ5)

① (　　) 0は偶数である。

② (　　) 偶数でも奇数でもない整数がある。

③ (　　) 奇数は2でわると、必ず1あまる。

④ (　　) 整数を小さい順にならべると、偶数と奇数は必ずとなりになる。

3 次の整数を偶数と奇数に分けて、それぞれ(　)に書きましょう。　教上96ページ⚠　20点(1題10)

17　23　36　41　67　76　84　99

① 偶数(　　　　　　　)

② 奇数(　　　　　　　)

2でわりきれるか
どうかは、一の位
の数字を見れば、
わかるね。

4 次の数は、偶数、奇数のどちらでしょう。　教上96ページ⚠　10点(1つ5)

① 3142576 (　　　　)　② 1381921 (　　　　)

5 次の□にあてはまる数を書き、(　)の中に偶数か奇数かを書きましょう。
教上97ページ2、⚠　40点(1つ5)

① 18＝2×□　(　　　　)　② 42＝2×□　(　　　　)

③ 13＝2×□＋1　(　　　　)　④ 37＝2×□＋1　(　　　　)

教科書 上94〜97ページ

時間 15分　合格 80点　／100

月　日

サクッとこたえあわせ　答え 86ページ

●偶数と奇数、倍数と約数

⑧ 整数の性質を調べよう

2 倍数と公倍数 ……(1)

[7に整数をかけてできる数を、7の倍数(ばいすう)といいます。]

1 7の倍数を小さいほうから5つ書きなさい。 教 上98ページ④ 10点

(　　　　　　　　　　)

0は、倍数には入れないよ。

2 下の数直線で、2、3、5の倍数を○で囲(かこ)みましょう。

教 上99ページ⚠ 30点(1題10)

① 2の倍数

0 1 2 3 4 5 6 7 8 9 10 11 12 13 14 15 16 17 18 19 20 21 22 23 24 25 26 27 28 29 30 31

② 3の倍数

0 1 2 3 4 5 6 7 8 9 10 11 12 13 14 15 16 17 18 19 20 21 22 23 24 25 26 27 28 29 30 31

③ 5の倍数

0 1 2 3 4 5 6 7 8 9 10 11 12 13 14 15 16 17 18 19 20 21 22 23 24 25 26 27 28 29 30 31

[2つの整数の共通な倍数を、公倍数(こうばいすう)といいます。]

3 **2**で答えたことを使って、1から31までの整数のうち、次の数を見つけて答えましょう。

教 上99ページ⑥、⑦ 60点(1題10)

① 2と3の公倍数 □、□、□、□、□

② 2と5の公倍数 □、□、□

③ 3と5の公倍数 □、□

④ 2と3の最小公倍数(さいしょうこうばいすう) □

⑤ 2と5の最小公倍数 □

⑥ 3と5の最小公倍数 □

教科書 上98～99ページ

時間 15分　合格 80点　／100

月　日

サクッとこたえあわせ
答え 86ページ

●偶数と奇数、倍数と約数

⑧ 整数の性質を調べよう

2 倍数と公倍数 ……(2)

1 (　)の中の数の公倍数を、小さいほうから４つ求めましょう。 教 上100ページ2　50点(1題10)

① (2、5)　10、20、30、40

② (3、4)　□、□、□、□

③ (4、7)　□、□、□、□

④ (5、6)　□、□、□、□

⑤ (6、9)　□、□、□、□

[公倍数のうちで、いちばん小さい数を、最小公倍数といいます。]

2 (　)の中の数の最小公倍数はいくつですか。 教 上100ページ① 15点(1つ5)

① (2、7)　② (3、6)　③ (6、8)

(　　)　(　　)　(　　)

3 (　)の中の数の最小公倍数はいくつですか。 教 上101ページ③ 15点(1つ5)

① (3、5、6)　② (8、16、20)　③ (4、6、12)

(　　)　(　　)　(　　)

4 バスターミナルから右のように㋐、㋑、㋒のバスが出ています。8時20分に㋐、㋑、㋒のバスが同時に発車したとき、㋐、㋑、㋒のバスが次に同時に発車するのは、何時何分ですか。 教 上101ページ△5 20点

行先	発車
㋐　駅	8分おき
㋑　動物園	12分おき
㋒　植物園	15分おき

(　　)

合格 80点　/100

月　日

答え 86ページ

サクッとこたえあわせ

●偶数と奇数、倍数と約数

⑧ 整数の性質を調べよう

3 約数と公約数 ……(1)

[ある整数をわりきることができる整数を、約数（やくすう）といいます。]

1 16個（こ）のケーキを、同じ数ずつ皿にのせていきます。あまりが出ないようにするには、皿の数を何まいにすればよいでしょうか。 教 上102～103ページ1

20点(①1題10、②1つ10)

① 下の表を使って、あまりが出ないかどうか調べました。表を完成させましょう。

皿の数(まい)	1	2	3	4	5	6	7	8	9	10	11	12	13	14	15	16
あまりなし…○ あまりあり…×	○															

② 16は上の表の○がついた整数でわりきれます。
このような整数を16の何といいますか。

（ 約数 ）

1とその数自身は、必ず約数になりますね。

2 次の①～③の整数の約数を、小さいほうから順に、全部書きましょう。

教 上103ページ⑤　30点(1つ10)

① 9　　② 15　　③ 18

（　　）（　　）（　　）

[2つの整数の共通な約数を、公約数（こうやくすう）といいます。]

3 ❷で答えたことを使って、次の問いに答えましょう。 教 上103ページ⑥、⚠1

20点(1つ10)

① 9と18の公約数を、全部書きましょう。（　　）

② 9と18の最大公約数（さいだいこうやくすう）はいくつですか。（　　）

4 次の問いに答えましょう。 教 上103ページ⚠2　30点(1つ10)

① 次の計算で商が整数になるとき、□にあてはまる整数を、全部書きましょう。

㋐ 24÷□　　㋑ 20÷□

（　　）（　　）

② 次の□にあてはまることばを書きましょう。

①で求めた数のことを、その数の□といいます。

教科書 上102～103ページ

時間 15分 合格 80点 /100

月　日

サクッとこたえあわせ

答え 87ページ

●偶数と奇数、倍数と約数

⑧ 整数の性質を調べよう

3 約数と公約数 ……(2)

1 (　)の中の数の公約数を、全部求めましょう。また、最大公約数を求めましょう。

教 上104ページ 2　60点(公約数6、最大公約数4)

① (8、12)　② (16、24)　③ (18、27)

公約数 (　)
最大公約数 (　)

④ (12、30)　⑤ (15、40)　⑥ (12、36)

公約数 (　)
最大公約数 (　)

2 下の図のような画用紙に、同じ大きさの正方形の紙をすきまなく、重ならないようにしきつめるとき、いちばん大きい正方形の1辺の長さは何cmになりますか。また、正方形の紙は何まい必要ですか。 教 上104ページ 2　20点(1つ10)

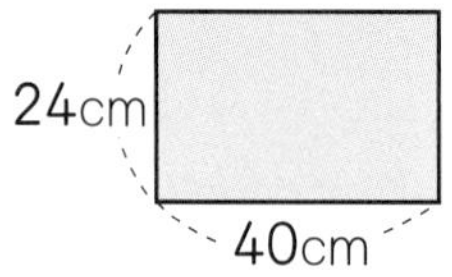

24cm
40cm

1辺の長さ (　)
正方形の紙のまい数 (　)

3 (　)の中の数の最大公約数を求めましょう。 教 上104ページ 4、5　20点(1つ10)

① (14、21、35)　② (16、40、56)

(　)　(　)

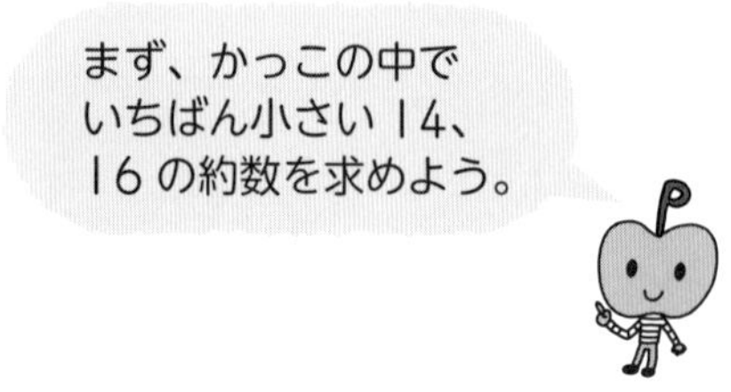

まず、かっこの中でいちばん小さい14、16の約数を求めよう。

教科書 上104ページ

合格 80点　／100

月　日

●分数と小数、整数の関係

⑨ 分数と小数、整数の関係を調べよう

1 わり算と分数 ……(1)

答え 87ページ

[整数÷整数の商は、分数で表すことができます。]

1 次の□にあてはまる数やことばを書きましょう。 教上109〜110ページ1

40点(1題10)

① 1÷3 の商を計算で求めると、1÷3＝0.333…でわりきれません。

分数で表すと、$1÷3=\frac{\boxed{1}}{\boxed{3}}$ のように表せます。

1÷3は、1を3等分した数と同じだね。

② わり算の商は、分数で表すことができます。

わる数が□、わられる数が□になります。

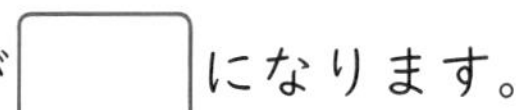

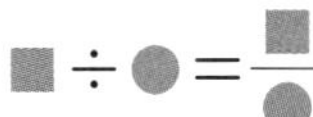

■÷●＝$\frac{■}{●}$

③ $\frac{4}{5}$ は、次の㋐、㋑のように考えることができます。

㋐ $\frac{4}{5}$ は、□の4こ分

㋑ $\frac{4}{5}$ は、□÷□の商

2 次のわり算の商を分数で表しましょう。 教上111ページ2

30点(1つ5)

① 4÷7 (　　)　② 6÷11 (　　)　③ 13÷8 (　　)

④ 8÷15 (　　)　⑤ 13÷4 (　　)　⑥ 8÷3 (　　)

3 次の□にあてはまる数を書きましょう。 教上111ページ3

30点(1題5)

① $\frac{4}{9}$＝4÷□　② $\frac{1}{5}$＝□÷5　③ $\frac{7}{3}$＝□÷3

④ $\frac{6}{7}$＝□÷7　⑤ $\frac{7}{5}$＝7÷□　⑥ $\frac{3}{13}$＝□÷□

教科書 上108〜111ページ

時間 15分　合格 80点　／100

月　日

答え 87ページ

サクッとこたえあわせ

●分数と小数、整数の関係

⑨ 分数と小数、整数の関係を調べよう

1　わり算と分数 ……(2)

［分数を使って、$\frac{1}{3}$倍、$\frac{2}{3}$倍のように、何倍かを表すことができます。］

1 算数の小テストで、ひとみさんは６点、みきさんは５点、ゆきえさんは７点でした。次の□にあてはまる数を書きましょう。 教 上112ページ 2

60点（①②1つ5、③式10・答え10）

① ひとみさんの得点（とくてん）をもとにすると、みきさんの得点は、5÷6＝$\frac{5}{6}$(倍)、ゆきえさんの得点は、□÷□＝□(倍)となります。

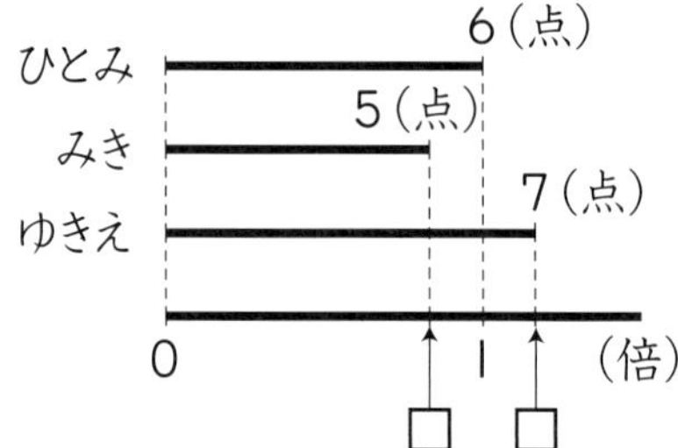

② ①の$\frac{5}{6}$倍は、□点を１とみたとき、□点が$\frac{5}{6}$にあたることを表しています。

③ ゆきえさんの得点をもとにすると、ひとみさんの得点は何倍ですか。

式

答え（　　　）

2 オレンジジュースは15L、りんごジュースは8Lあります。 教 上112ページ 5

① オレンジジュースの量は、りんごジュースの量の何倍ありますか。

40点（式10・答え10）

式

答え（　　　）

② りんごジュースの量は、オレンジジュースの量の何倍ありますか。

式

答え（　　　）

教科書 上112ページ

きほんのドリル 37。

時間 15分　合格 80点　/100

月　日

答え 87ページ

●分数と小数、整数の関係

⑨ 分数と小数、整数の関係を調べよう

2 分数と小数、整数の関係

[分数を小数で表したり、小数や整数を分数で表したりする方法を考えます。]

1 次の□にあてはまる数を書きましょう。 教 上113～115ページ 1、2 30点(1題10)

① $\frac{3}{4}$ を小数で表すには、□÷□＝□とします。

② 0.31 は、0.01 が□こ分なので、分数で表すと□となります。

③ 整数7は、7＝□÷1＝□と考えます。

同じ式の商だから、
小数で表しても、
分数で表しても、
大きさは…。

2 次の2つの数の大小を、不等号を使って表しましょう。 教 上114ページ ⚠1 14点(1つ7)

① $\frac{2}{5}$ □ 0.35　② $\frac{14}{5}$ □ 2.9

3 次の①～④の分数を、小数や整数で表しましょう。 教 上114ページ ⚠2 28点(1つ7)

① $\frac{7}{4}$　② $\frac{19}{5}$　③ $\frac{21}{7}$　④ $2\frac{3}{8}$

(　　)　(　　)　(　　)　(　　)

4 次の①～④の小数や整数を、分数で表しましょう。 教 上115ページ ⚠3 28点(1つ7)

① 0.9　② 0.37　③ 9　④ 4.03

(　　)　(　　)　(　　)　(　　)

教科書 上113～115ページ

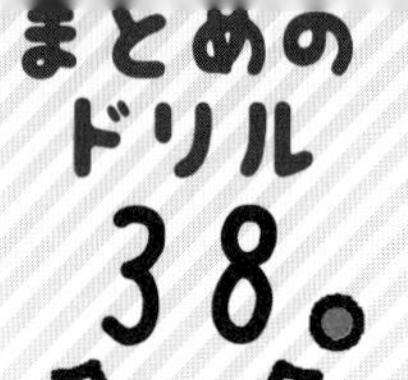

時間 15分　合格 80点　/100

月　日

答え 87ページ

●分数と小数、整数の関係

⑨ 分数と小数、整数の関係を調べよう

1 次のわり算の商を分数で表しましょう。　20点(1つ5)

① 9÷2　(　　)　② 5÷8　(　　)　③ 7÷6　(　　)　④ 11÷4　(　　)

2 次の□にあてはまる数を書きましょう。　20点(1つ5)

① $\frac{7}{5}=\square\div5$　② $\frac{5}{9}=5\div\square$

③ $0.03=\frac{3}{\square}$　④ $1.9=\frac{19}{\square}$

3 1日に草を9kg食べる恐竜(きょうりゅう)A(エー)と14kg食べる恐竜B(ビー)がいます。次の問いに答えましょう。　20点(1つ10)

① Aが1日に食べる草の量は、Bが1日に食べる草の量の何倍ですか。

(　　)

② Aが1日に食べる草の量を1とみたとき、Bが1日に食べる草の量はいくつにあたりますか。

(　　)

4 次の分数は小数で、小数や整数は分数で、それぞれ表しましょう。　30点(1つ5)

① $\frac{7}{8}$ (　　)　② $\frac{9}{4}$ (　　)　③ $3\frac{1}{5}$ (　　)

④ 0.49 (　　)　⑤ 10 (　　)　⑥ 3.07 (　　)

5 次の2つの数の大小を、不等号を使って表しましょう。　10点(1つ5)

① $\frac{8}{5}\square1.7$　② $\frac{31}{50}\square0.61$

教科書 上108～117ページ

時間15分 合格80点 /100
月 日
サクッとこたえあわせ
答え 87ページ

プログラミングを体験しよう ……(1)

1 下の(ア)、(イ)、(ウ)のことができるコンピュータを使って4の倍数を求めるには、どのような指示(しじ)をすればよいかを考えます。

> (ア) 1から小さい順に整数について調べる。
> (イ) ある整数をある整数でわって、整数の商とあまりを求める。
> (ウ) 調べた結果によって、整数を書き出す。

① 4の倍数は、4でわったときのあまりに注目すると、どんな数ですか。 10点

（　　　　　　　　　　）

② 「4でわったときのあまりが0」ならその数を書き出し、そうでなければ何もしないと指示します。□にあてはまる数を書きましょう。また、（　）の中の正しいほうを○で囲(かこ)みましょう。 1題15点

6÷4=□あまり□ だから、（ 数を書き出す ／ 何もしない ）

③ ②と同じようにして、11から20の整数について、その数を書き出すか何もしないか、それぞれ正しいほうを○で囲みましょう。 60点(1つ6)

11	数を書き出す ／ 何もしない	16	数を書き出す ／ 何もしない
12	数を書き出す ／ 何もしない	17	数を書き出す ／ 何もしない
13	数を書き出す ／ 何もしない	18	数を書き出す ／ 何もしない
14	数を書き出す ／ 何もしない	19	数を書き出す ／ 何もしない
15	数を書き出す ／ 何もしない	20	数を書き出す ／ 何もしない

④ 上のコンピュータを使って100までの整数のうち12の倍数を求めるには、どのような指示を出せばよいですか。□にあてはまる数を書きましょう。

15点(1つ5)

1から□までの整数を順に調べる。

↓

もし、□でわったあまりが□ならその数を書き出し、そうでないなら何もしないで次の数にうつる。

教科書 上124ページ

きほんのドリル 40。

時間 15分 合格 80点 /100

月 日

●分数のたし算とひき算

⑩ 分数のたし算、ひき算を広げよう

1 分数のたし算、ひき算と約分、通分 ……(1)

[分母がちがう分数を数直線で比(くら)べて、大きさの等しい分数をさがしてたし算をします。]

1 数直線を見て、次の問いに答えましょう。 教 下3～4ページ1 60点(1つ10)

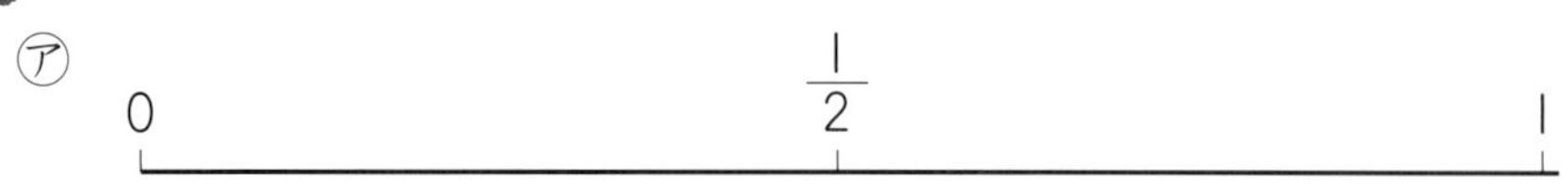

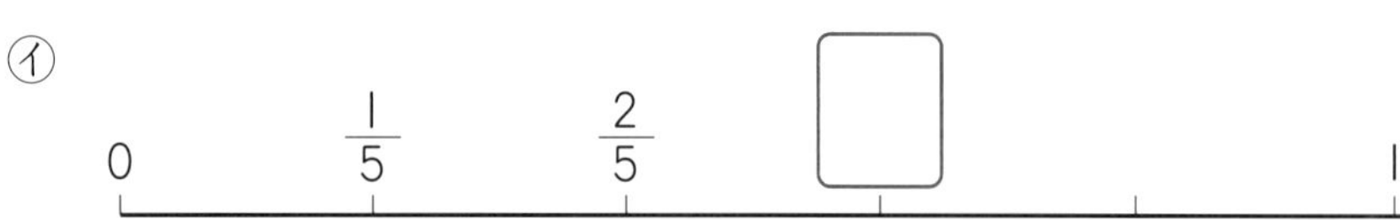

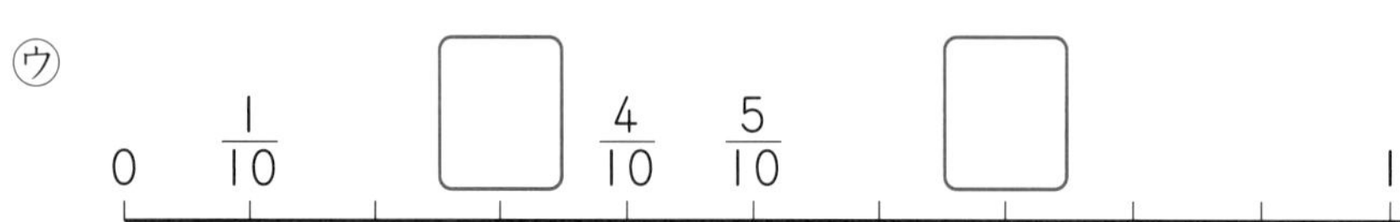

左に行くと小さい数、右に行くと大きい数になるよ。

① イ、ウの□にあてはまる分数を書きましょう。

② $\frac{2}{5}$、$\frac{1}{2}$ と同じ大きさの分数をウの数直線から見つけましょう。

$\frac{2}{5}$(　　　) $\frac{1}{2}$(　　　)

③ $\frac{2}{5}+\frac{1}{2}$ を計算しましょう。

(　　　)

2 次の□にあてはまる数を書きましょう。 教 下5～6ページ2 40点(1つ5)

① $\frac{3}{4}=\frac{3\times 3}{4\times\square}=\frac{9}{\square}$

② $\frac{3}{7}=\frac{6}{\square}=\frac{\square}{21}$

③ $\frac{6}{9}=\frac{6\div\square}{9\div 3}=\frac{2}{\square}$

④ $\frac{15}{25}=\frac{3}{\square}=\frac{\square}{10}$

●分数のたし算とひき算

⑩ 分数のたし算、ひき算を広げよう

1 分数のたし算、ひき算と約分、通分 ……(2)

1 次の分数を約分しましょう。　📖教 下8ページ2　40点(1つ10)

① $\frac{5}{10}$　② $\frac{9}{12}$　③ $\frac{20}{30}$　④ $2\frac{2}{14}$

(　　)　(　　)　(　　)　(　　)

[分母がちがう分数のひき算も、通分してから計算します。]

2 $\frac{1}{4}$ m の太いひもと、$\frac{2}{7}$ m の細いひもがあります。　📖教 下9〜10ページ3　60点(1題20)

① $\frac{1}{4}$、$\frac{2}{7}$ と大きさの等しい分数をそれぞれつくりましょう。

$\frac{1}{4}=\frac{2}{8}=\frac{\boxed{3}}{12}=\frac{4}{16}=\frac{\boxed{5}}{20}=\frac{6}{24}=\frac{\boxed{7}}{28}=\frac{\square}{32}=\cdots$

$\frac{2}{7}=\frac{\square}{14}=\frac{6}{21}=\frac{\square}{28}=\frac{\square}{35}=\cdots$

② ①でつくった分数から、分母が同じになるものを見つけましょう。

$\frac{1}{4}=\square$、$\frac{2}{7}=\square$

③ 太いひもと細いひものちがいは何 m ですか。

式 $\frac{2}{7}-\frac{1}{4}=\frac{\square}{28}-\frac{\square}{28}=\square$　　答え (　　)

時間 15分　合格 80点　/100

月　日

答え 88ページ

●分数のたし算とひき算

⑩ 分数のたし算、ひき算を広げよう

Ⅰ 分数のたし算、ひき算と約分、通分 ……(3)

[分母がちがう分数は、通分によって大きさを比(くら)べます。]

1 分数を通分して大小を比べ、□にあてはまる不等号を書きましょう。 教 下11ページ4

20点(1つ10)

① $\frac{1}{2}$ □ $\frac{1}{5}$　　② $2\frac{1}{4}$ □ $2\frac{5}{8}$

2 (　)の中の分数を通分しましょう。 教 下11ページ5　20点(1つ10)

① $\left(\frac{5}{12}、\frac{3}{8}\right)$　　② $\left(\frac{3}{4}、\frac{4}{15}、\frac{3}{20}\right)$

(　　、　　)　　(　　、　　、　　)

3 次の計算をしましょう。 教 下11ページ6　60点(1つ10)

① $\frac{5}{8}+\frac{1}{4}$　　② $\frac{5}{6}+\frac{1}{7}$　　③ $\frac{1}{5}+\frac{3}{4}$

④ $\frac{3}{5}-\frac{3}{10}$　　⑤ $\frac{8}{9}-\frac{5}{12}$　　⑥ $\frac{1}{3}-\frac{1}{4}$

時間 15分　合格 80点　／100

月　日

答え 88ページ

⑩ 分数のたし算、ひき算を広げよう

１　分数のたし算、ひき算と約分、通分 ……(4)

[分数は計算したあと、約分して分母をできるだけ小さくします。]

1 次の計算をしましょう。 教 下12ページ 72点(1つ12)

① $\frac{4}{7}+\frac{2}{21}$

② $\frac{3}{4}+\frac{7}{12}$

③ $\frac{6}{5}+\frac{1}{2}$

④ $\frac{7}{10}-\frac{1}{2}$

⑤ $\frac{9}{14}-\frac{1}{7}$

⑥ $\frac{11}{9}-\frac{7}{12}$

[3つの分数のたし算やひき算も、通分してから分子をたしたり、ひいたりします。]

2 $\frac{4}{5}-\frac{8}{15}+\frac{1}{9}$ の計算のしかたを考えましょう。 教 下12ページ 28点(1題14)

① まみさんの考え

$$\frac{4}{5}-\frac{8}{15}+\frac{1}{9}=\frac{\boxed{12}}{15}-\frac{8}{15}+\frac{1}{9}$$
$$=\frac{\boxed{4}}{15}+\frac{1}{9}$$
$$=\frac{\boxed{12}}{45}+\frac{5}{45}$$
$$=\frac{17}{45}$$

② かずやさんの考え

$$\frac{4}{5}-\frac{8}{15}+\frac{1}{9}=\frac{\boxed{}}{45}-\frac{\boxed{}}{45}+\frac{5}{45}$$
$$=\frac{17}{45}$$

どちらが計算しやすいかな。

教科書 下12ページ

時間 15分　合格 80点　/100

月　日

答え 89ページ

●分数のたし算とひき算

⑩ 分数のたし算、ひき算を広げよう

2 いろいろな分数のたし算、ひき算／3 時間と分数

1 次の計算をしましょう。 教 下13ページ1　30点(1つ10)

① $1\frac{2}{5}+2\frac{1}{6}$　② $3\frac{1}{4}+1\frac{5}{6}$　③ $4\frac{4}{5}-3\frac{3}{10}$

[小数と分数のまじった計算は、小数を分数で表してから行います。]

2 $\frac{3}{4}-0.4$ の計算のしかたを考えましょう。 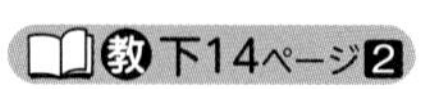 教 下14ページ2　15点(1つ5)

$\frac{3}{4}-0.4=\frac{3}{4}-\frac{\boxed{4}}{10}$　…小数を分数で表す。

$=\frac{15}{20}-\frac{\boxed{8}}{20}$　…通分する。

$=\frac{\boxed{}}{20}$

3 次の計算をしましょう。 教 下14ページ△3　40点(1つ10)

① $\frac{4}{5}+0.1$　② $\frac{7}{10}-0.15$

③ $1.5+\frac{1}{6}$　④ $\frac{2}{3}-0.4$

4 □にあてはまる分数はいくつですか。  教 下15ページ△4　15点(1つ5)

① 50分＝□時間　② 54秒＝□分　③ 80分＝□時間

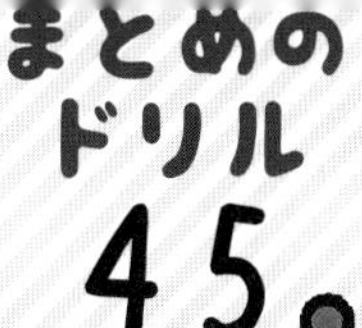

時間 15分　合格 80点　／100

月　日

●分数のたし算とひき算

⑩ 分数のたし算、ひき算を広げよう

1 □にあてはまる数を書きましょう。　20点(1つ5)

① $\frac{5}{6}=\frac{\square}{18}=\frac{\square}{54}$　　② $\frac{18}{24}=\frac{6}{\square}=\frac{\square}{32}$

2 次の分数を約分しましょう。　20点(1つ5)

① $\frac{24}{36}$　② $\frac{21}{49}$　③ $\frac{70}{28}$　④ $\frac{91}{26}$

3 (　)の中の分数を通分しましょう。　10点(1つ5)

① $\left(\frac{7}{15}、\frac{13}{20}\right)$　　② $\left(\frac{1}{2}、\frac{1}{3}、\frac{4}{5}\right)$

(　　、　　)　　(　　、　　、　　)

4 次の計算をしましょう。　20点(1つ5)

① $\frac{11}{10}+\frac{14}{15}$　② $1\frac{1}{4}-\frac{7}{20}$　③ $\frac{1}{3}+\frac{5}{6}-\frac{3}{4}$　④ $\frac{5}{6}-0.1$

5 A(エー)さんの家から学校へ行く間に、銀行とゆうびん局があります。　30点(式10・答え5)

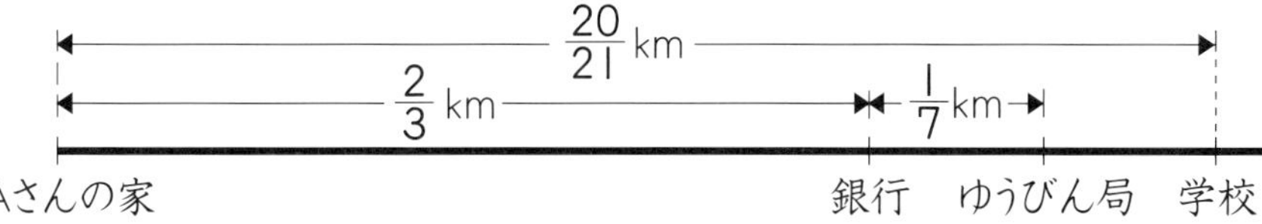

① Aさんの家からゆうびん局まで何kmありますか。

式

答え (　　　)

② 銀行から学校まで何kmありますか。

式

答え (　　　)

教科書 下2〜17ページ

合格 80点 /100

月　日

サクッとこたえあわせ

答え 89ページ

●平均

⑪ ならした大きさを考えよう

1　平均と求め方 ……(1)

[平均(へいきん)は、「合計÷個(こ)数」で求められます。]

1 下の表は、かおりさんの計算ドリルの結果をまとめたものです。

教 下19〜20ページ1

25点(①式10・答え5、②10)

かおりさんの計算ドリルの結果

回数(回)	1	2	3	4	5	6
点数(点)	6	9	7	8	7	5

① 計算ドリルの1〜6回をならした点数は何点ですか。

式

答え (　　　)

② ①のように、いくつかの数量を、等しい大きさになるようにならしたものを、何といいますか。

(　　　)

[平均を使うと、全体の量を予想することができます。]

2 下の表は、ある鳥が、1月から5月までの5か月間に食べたえさの量を表しています。

教 下21ページ2

50点(式15・答え10)

鳥のえさの量

月	1月	2月	3月	4月	5月
えさの量(g)	120	160	95	150	130

① 1か月に平均何gのえさを食べましたか。

式

答え (　　　)

② 1年間同じようにえさを食べるとすると、1年間では何g食べることになりますか。

式

答え (　　　)

3 コピー用紙1まいの重さを平均4gとします。このコピー用紙が1800gあるとき、コピー用紙のまい数は何まいと考えられますか。 教 下21ページ①

25点(式15・答え10)

式

答え (　　　)

教科書 下18〜21ページ

サクッとこたえあわせ 答え89ページ

●平均

⑪ ならした大きさを考えよう

1 平均と求め方 ……(2)

[0の場合もふくめて平均(へいきん)を考えます。]

1 下の表は、先週6日間に、けんさんが野球の投球練習で投げた球の数を表しています。1日平均何球投げたことになりますか。 教下22ページ3 30点(式15・答え15)

けんさんが野球の投球練習で投げた球の数

曜日	月	火	水	木	金	土
球の数(球)	80	70	0	85	90	65

式

答え (　　　)

[得点(とくてん)のように、小数で表さないものも、平均では小数で表すことがあります。]

2 下の数は、けんさんの野球チームの最近5試合の得点を表したものです。1試合に平均何点とったことになりますか。 教下22ページ3 40点(式20・答え20)

7、0、8、5、12

式

答え (　　　)

3 下の表は、まもるさんの学校の1週間の欠席者数です。
1日平均何人欠席したことになりますか。 教下22ページ4 30点(式15・答え15)

まもるさんの学校の1週間の欠席者数

曜日	月	火	水	木	金
欠席者数(人)	2	4	6	0	5

式

欠席者が0の日も、日数に数えるよ。

答え (　　　)

教科書 下22ページ

時間 15分　合格 80点　／100

月　日

●平均

⑾ ならした大きさを考えよう

2 平均の利用

[何回かはかったデータで平均（へいきん）を考えると、より正確（せいかく）な大きさを知ることができます。]

1 みきさんたち5人が、それぞれ同じドラムかんの直径をはかったら、下のようになりました。このデータから、ドラムかんの直径は何cmと考えられますか。

教 下23ページ1　40点（式20・答え20）

58.2 cm、58.3 cm、58.6 cm、58.4 cm、58.5 cm

式

答え（　　　　）

[ほかと大きくちがう記録をのぞいて平均を求めることもあります。]

2 下の表は、そうたさんの4回の50 m走の記録です。教 下24ページ2

60点（式15・答え15）

何回め	1	2	3	4
記録	9.0 秒	8.9 秒	13.5 秒	9.4 秒

① そうたさんは50 mを平均何秒で走ることができますか。

式

答え（　　　　）

② 3回めの50 m走のとき、そうたさんは転んでいました。そうたさんが転ばずに走ると、50 mを何秒で走ることができると考えられますか。

式

答え（　　　　）

転んでいた3回めをのぞいて
平均を求めましょう。

教科書 下23〜24ページ

15分　合格 80点　／100

月　日

●単位量あたりの大きさ

⑫ 比べ方を考えよう（1）

1 こみぐあい

［こみぐあいを比（くら）べるときは、「単位量あたりの大きさ」で比べます。］

1 右の表はA（エー）、B（ビー）、C（シー）3つの水そうに入っている水の量と熱帯魚の数を表しています。水そうのこみぐあいを調べます。　教 下27～29ページ 1

100点（①～③1つ20、④⑤式10・答え10）

	水の量（L）	熱帯魚の数（ひき）
A	80	104
B	80	96
C	70	96

① こみぐあいを比べるには、何と何がわかればよいでしょうか。

（　　　　と　　　　）

② AとBの水そうでは、どちらがこんでいますか。

（　　　）

③ BとCの水そうでは、どちらがこんでいますか。

（　　　）

④ AとCの水そうでは、どちらがこんでいますか。1Lあたりの熱帯魚の数で比べましょう。

式

答え（　　　）

⑤ AとCの水そうでは、どちらがこんでいますか。熱帯魚1ぴきあたりの水の量で比べましょう。

式

答え（　　　）

わりきれないときは、上から3けためまで求めて上から2けたのがい数にして比べてみよう。

時間 15分　合格 80点　/100　月　日

答え 90ページ　サクッとこたえあわせ

●単位量あたりの大きさ

⑫ 比べ方を考えよう(1)

2 いろいろな単位量あたりの大きさ

[単位面積あたりの人口を、「人口密度(じんこうみつど)」といいます。]

1 右の表は、東京都と大阪府の面積と人口を表しています。それぞれの人口密度を、四捨五入(ししゃごにゅう)して上から2けたのがい数で求めましょう。

教 下30ページ1　40点(式10・答え10)

東京都と大阪府の面積と人口

	面積(km^2)	人口(万人)
東京都	2194	1409
大阪府	1905	878

(2023年)

東京都　式　1409000÷2194=

答え (　　　)

大阪府　式

答え (　　　)

2 右の表は、A(エー)さんの家とB(ビー)さんの家の畑の面積ととれたじゃがいもの重さを表したものです。じゃがいもがよくとれたといえるのはどちらの家の畑ですか。　教 下31ページ2　30点(1つ10)

畑の面積ととれたじゃがいもの重さ

	畑の面積(m^2)	とれた重さ(kg)
A	800	920
B	500	690

① $1m^2$ あたりにとれたじゃがいもの重さで比(くら)べましょう。

Aさんの家の畑……

920÷800=□(kg)

Bさんの家の畑……690÷500=□(kg)

作物のとれぐあいは、単位面積あたりの重さで表すよ。

② どちらの家の畑がよくとれたといえますか。

(　　　)

3 同じ品物が、A店では、1箱4個(こ)入りを380円、B店では、1箱6個入りを540円で売っています。品物1個あたりのねだんが高いのは、どちらの店ですか。

教 下31ページ△2　30点(式15・答え15)

式

答え (　　　)

時間 15分 合格 80点 /100

月　日

サクッとこたえあわせ 答え 90ページ

●単位量あたりの大きさ

⑫ 比べ方を考えよう（1）

3 速さ ……（1）

[速さを比べるには、時間かきょりについて、単位量あたりの考えを使います。]

1 下の表は、なおきさんとまさおさんが作ったもけいの自動車の、走った道のりと時間を表しています。次の問いに答えましょう。 教 下33〜34ページ 1

100点（①②1つ8、③④1つ10）

もけいの自動車の走った道のりと時間

	道のり（m）	時間（分）
なおき	80	4
まさお	50	2

① どちらのもけいの自動車が速いか、1分間あたりに走った平均の道のりを比べます。□にあてはまる数を書きましょう。

なおきさんのもけいの自動車は4分間で［80］m 走っているから、1分間に走った道のりは 80÷4＝［20］（m）になります。

まさおさんのもけいの自動車も同じように1分間に走った道のりを計算すると、

［　］÷［　］＝［　］（m）になります。

② どちらのもけいの自動車が速いか、1m あたりにかかった平均の時間で比べます。□にあてはまる数を書きましょう。

なおきさんのもけいの自動車は 80 m を［4］分かかって走っているから、1m 走るのにかかった時間は 4÷80＝［0.05］（分）になります。

まさおさんのもけいの自動車も同じように1m 走るのにかかった時間を計算すると、［　］÷［　］＝［　］（分）になります。

③ ①、②から、［　］さんのもけいの自動車のほうが速いことがわかります。

④ けいたさんのもけいの自動車は、3分間で 48 m 走りました。なおきさんのもけいの自動車とけいたさんのもけいの自動車はどちらが速いですか。

（　　　　　　　　）

1分間に何m
走ったかな。

教科書 下32〜34ページ

合格 80点 ／100

月　日

サクッとこたえあわせ

答え 90ページ

●単位量あたりの大きさ

⑫ 比べ方を考えよう（1）

3 速さ ……（2）

[速さは、単位時間あたりに進む道のりで表し、「速さ＝道のり÷時間」となります。]

1 360 km を５時間で走る電車の時速、分速、秒速をそれぞれ求めます。□にあてはまる数を書きましょう。 教 下35～36ページ2 40点(1つ5)

① 時速……[1]時間に進む道のりで表した速さだから、

360÷[5]＝[72]　時速 72 km

② 分速……１分間に進む道のりで表した速さだから、

72÷[　　]＝[　　]　分速[　　]km

③ 秒速……１秒間に進む道のりで表した速さだから、

[　　]÷60＝0.02　km を m になおすと、秒速[　　]m

2 駅から空港まで直行バスが走っています。駅から空港までの道のりは 15 km で、かかる時間は 20 分です。次の問いに答えましょう。 教 下36ページ⚠ 60点(式10・答え10)

① バスの分速、時速をそれぞれ求めましょう。

式

答え（分速　　　　　）

式

答え（時速　　　　　）

② バスと同時に自動車で駅を出発して、空港へ向かったところ、バスより５分はやく空港に着きました。自動車の時速を求めましょう。

式

答え（　　　　　）

時間 15分　合格 80点　/100

月　日

サクッとこたえあわせ　答え 90ページ

●単位量あたりの大きさ

⑫ 比べ方を考えよう（1）

3 速さ ……(3)

[道のりは、「道のり＝速さ×時間」で求められます。]

1 時速 65 km で走る自動車があります。3時間(①)、5時間(②)に進む道のりを求めましょう。 教 下37ページ3　20点(1つ10)

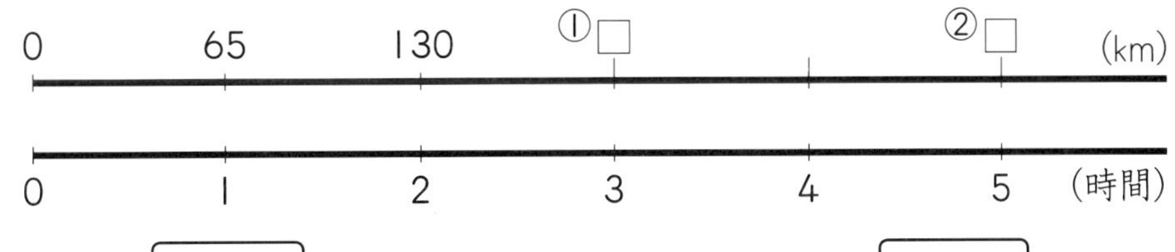

① 65×3＝□(km)　② 65×5＝□(km)

2 分速 120 m の自転車は、6分間に何 m 進みますか。 教 下37ページ△2　20点(式10・答え10)

式

答え（　　　）

[かかる時間は、「時間＝道のり÷速さ」で求められます。]

3 自動車が時速 50 km で進んでいます。この自動車が 150 km(①)、350 km(②)進むのにかかる時間を求めましょう。 教 下38ページ4　40点(式10・答え10)

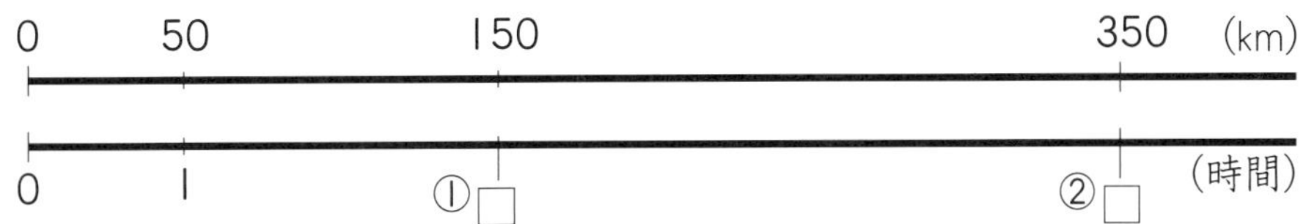

かかる時間を□時間として、かけ算の式に表しました。

① 式 50×□＝150　□＝150÷50＝□3　答え（　　　）

② 式　答え（　　　）

4 分速 1600 m で走る自動車が、19.2 km 走るのにかかる時間は何分ですか。

教 下38ページ△3　20点(式10・答え10)

式

答え（　　　）

速さが時速か、分速か、秒速か、道のりが m か km かに注意しよう。

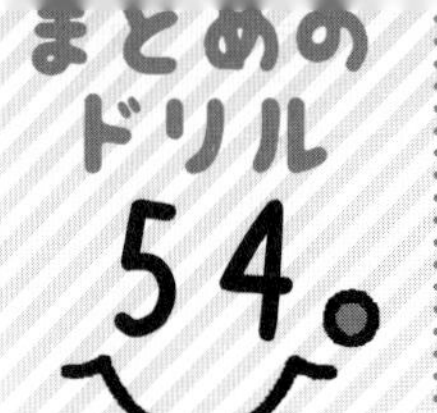

時間 15分　合格 80点　/100

月　日

答え 91ページ

サクッと こたえ あわせ

●単位量あたりの大きさ

⑫ 比べ方を考えよう（1）

1 ある市の人口は 12 万人で、面積は 96 km² です。人口密度（じんこうみつど）を求めましょう。

30点（式15・答え15）

式

答え（　　　　）

2 かよ子さんの家の 9 m² の畑からは 48.6 kg のたまねぎがとれ、おさむさんの家の 12 m² の畑からは 69.6 kg のたまねぎがとれました。どちらの家の畑がよくとれたといえますか。1 m² あたりのとれた重さで比（くら）べましょう。　30点（式1つ10・答え10）

かよ子さん　**式**

おさむさん　**式**

答え（　　　　）

3 18 km の道のりを 15 分で走る電車があります。次の問いに答えましょう。

40点（①式10・答え10、②③1つ10）

① この電車の時速は何 km ですか。

式

答え（　　　　）

② この電車は、2時間で何 km 進みますか。

（　　　　）

③ この電車の秒速は何 m ですか。

（　　　　）

教科書 下26～41ページ

合格 80点 ／100

月　日

●四角形と三角形の面積

⑬　面積の求め方を考えよう

Ⅰ　平行四辺形の面積の求め方

[平行四辺形の面積は「平行四辺形の面積＝底辺(ていへん)×高さ(たか)」で求めることができます。]

1 次の平行四辺形の面積を求めましょう。　教 下46ページ⚠1　　70点(1つ10)

①

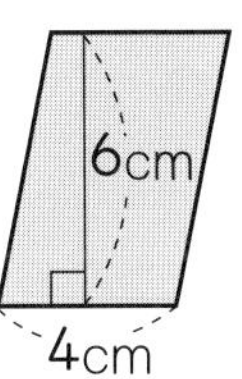

（　　　　）

②

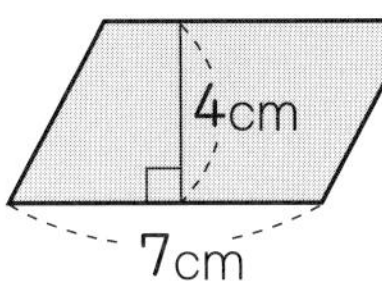

（　　　　）

③

（　　　　）

④

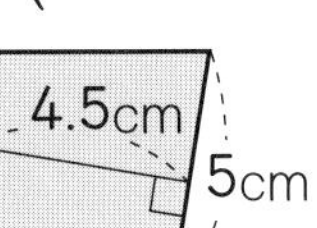

（　　　　）

⑤

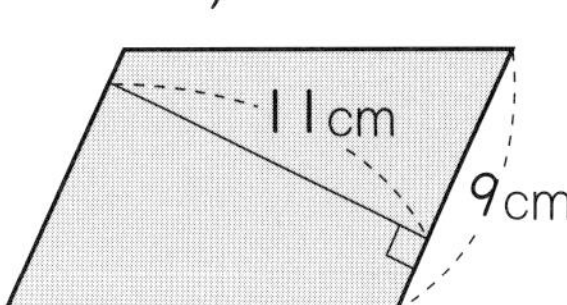

（　　　　）

⑥

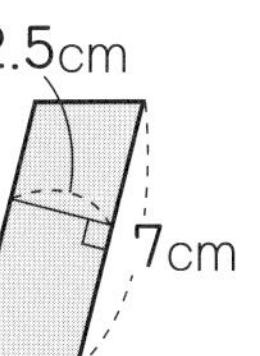

（　　　　）

⑦

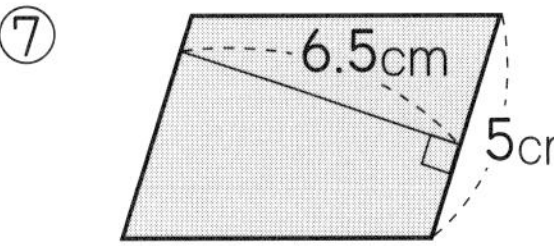

（　　　　）

2 次の平行四辺形の面積を求めましょう。　教 下48ページ⚠2　　30点(式10・答え5)

①

5.5cm　4.5cm　4cm

式

答え（　　　　）

②

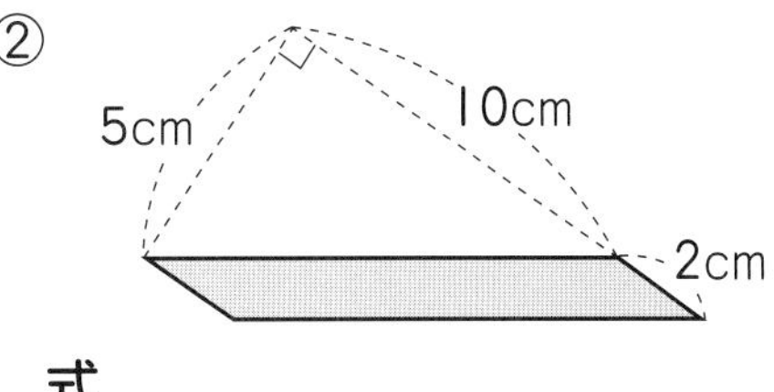

式

答え（　　　　）

教科書 下42～48ページ

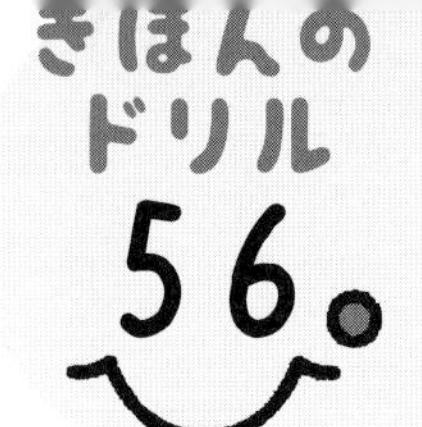

15分 合格 80点 /100

月 日

●四角形と三角形の面積

⑬ 面積の求め方を考えよう

2 三角形の面積の求め方 ……(1)

[三角形の面積は、「三角形の面積＝底辺(ていへん)×高(たか)さ÷2」で求めることができます。]

1 右の図の三角形ＡＢＣ(エービーシー)の面積を求めます。次の□にあてはまる記号や数、ことばを書きましょう。 教 下49～50ページ1、51～52ページ2 30点(1つ5)

① 底辺ＢＣを１辺とする長方形ＤＢＣＥ(ディーイー)をかくと、

㋐と［㋐′］、㋑と［㋑′］は面積が等しいので、長方形

ＤＢＣＥの面積は、三角形ＡＢＣの面積の□倍です。

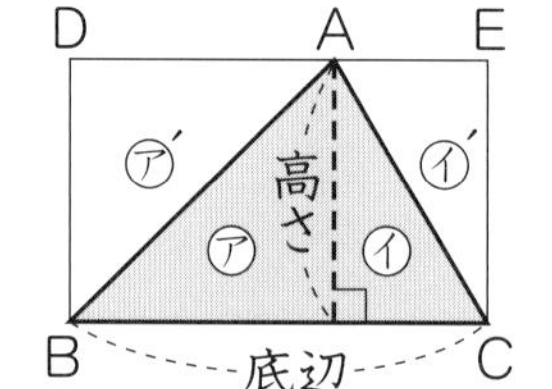

② 長方形ＤＢＣＥの面積は、底辺×高さ に等しいので、

①から、三角形の面積は、□×□÷□で求められます。

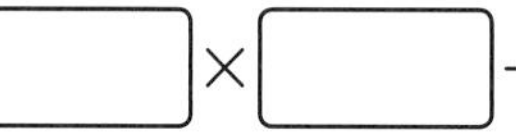

2 右の直角三角形で、次の問いに答えましょう。 教 下51～52ページ2 20点(1つ10)

① 右の直角三角形の面積を求めましょう。

(　　　　)

② 辺ＢＣを底辺にしたときの高さは何 cm ですか。

(　　　　)

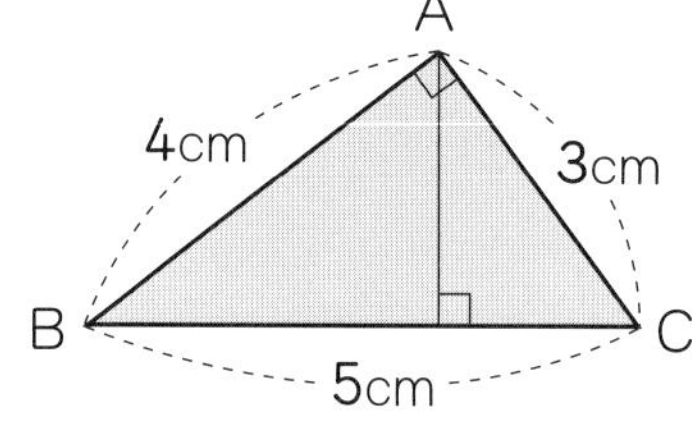

3 次の三角形の面積を求めましょう。  教 下52ページ⚠ 50点(1つ10)

①

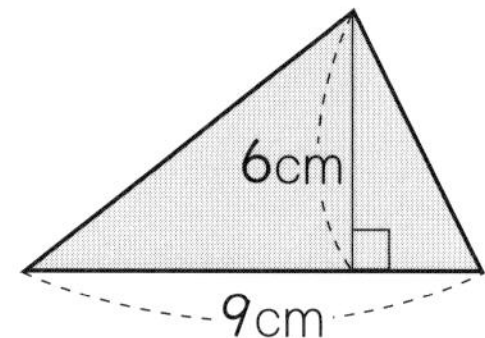

(　　　　)

②

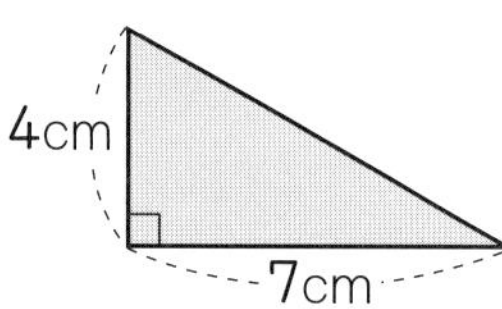

(　　　　)

高さ
底辺
高さは底辺に垂直(すいちょく)だよ。

③

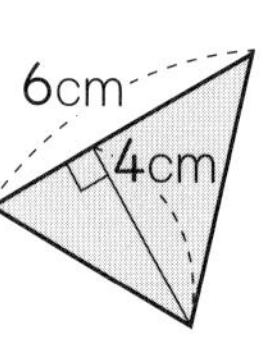

(　　　　)

④

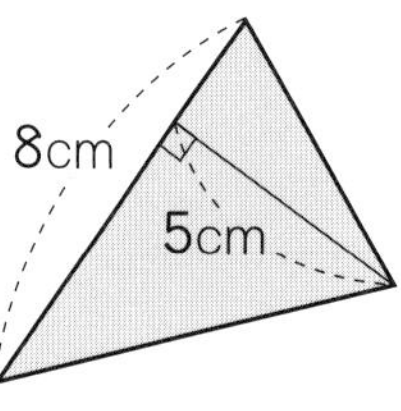

(　　　　)

⑤

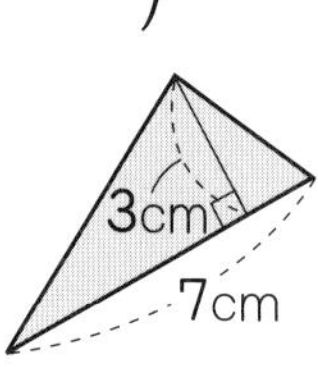

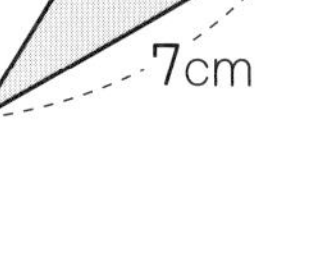

(　　　　)

合格 80点　／100

●四角形と三角形の面積

⑬ 面積の求め方を考えよう

2 三角形の面積の求め方 ……(2)

1 辺ＡＢ(エービー)を底辺として、次の面積の三角形を、下の方眼(ほうがん)に２つずつかきましょう。 📖教 下52～53ページ3　20点(1題10)

① $6\,cm^2$　　② $10\,cm^2$

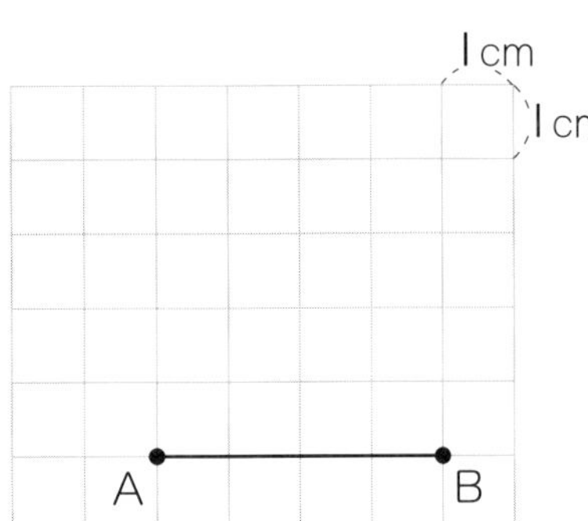

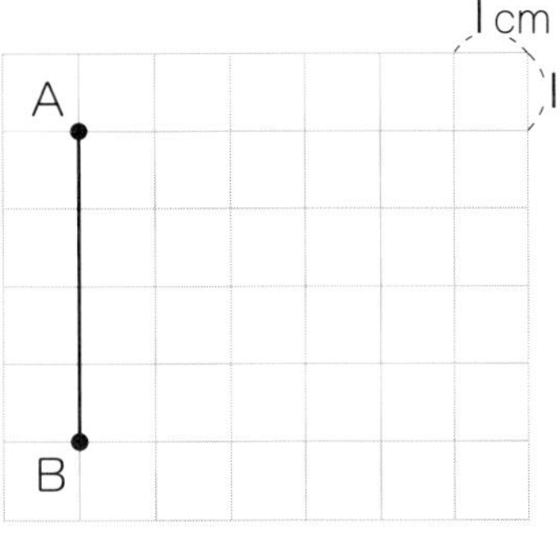

高さはどう
なりますか。

2 次の三角形の面積を求めましょう。 📖教 下54ページ2　60点(1つ20)

①

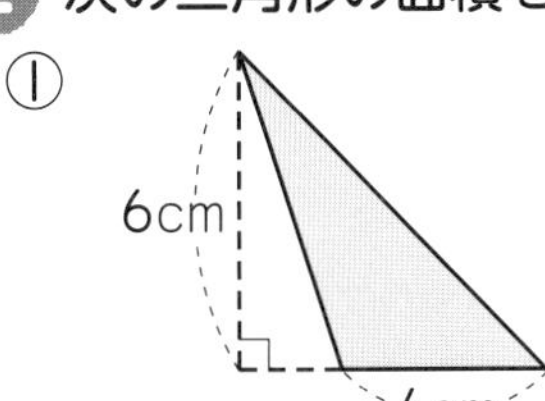

② 8cm　4cm　8cm

③ 10cm　6cm　16cm

(　　　)　(　　　)　(　　　)

3 右の図で、アとイの直線は平行です。 📖教 下54ページ③、3　20点(1つ10)

① 面積が等しい三角形は、どれとどれですか。

(　　と　　)

② ㋐の三角形の面積が$4\,cm^2$のとき、㋓の三角形の面積を求めましょう。

(　　　)

㋑ ㋐ ㋒ ㋓ ア イ 3cm 6cm

教科書📖 下52～54ページ

合格 80点 /100

月　日

●四角形と三角形の面積
⑬　面積の求め方を考えよう
2　三角形の面積の求め方 ……(3)

[台形の面積は、「台形の面積＝(上底＋下底)×高さ÷2」で求めることができます。]

1 台形を2つ合わせて平行四辺形をつくる考え方で、台形の面積を求める公式をつくりましょう。  50点(1つ5)

平行な2辺の上のほうを[上底]、下のほうを[下底]といいます。

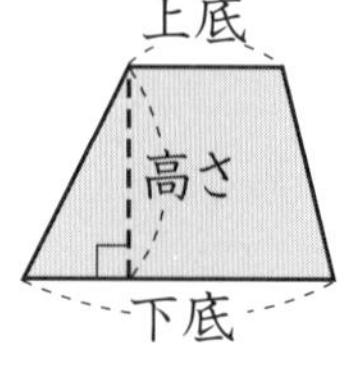

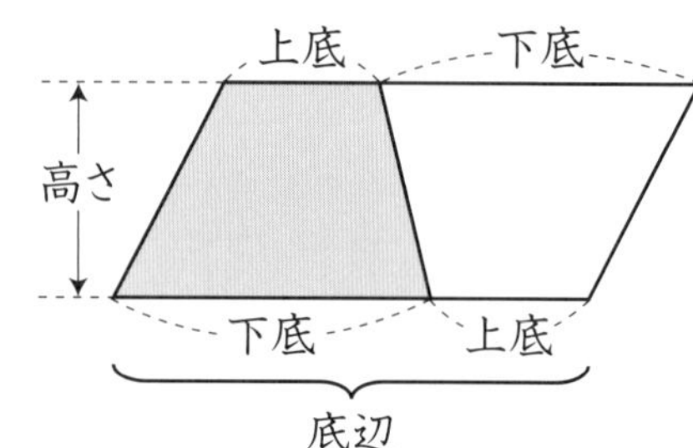

右の図のように同じ台形を2つならべると、平行四辺形ができます。その面積は[底辺]×[高さ]で求められます。

底辺は台形の[上底]＋[下底]なので、台形の面積は

台形の面積＝(　　　＋　　　)×　　　÷

の式で求められます。

2 次の台形の面積を求めましょう。 教 下57ページ⚠ 50点(1つ10)

①
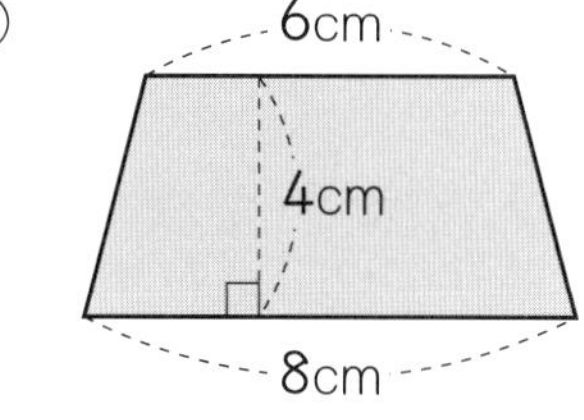

(　　　　　)

②
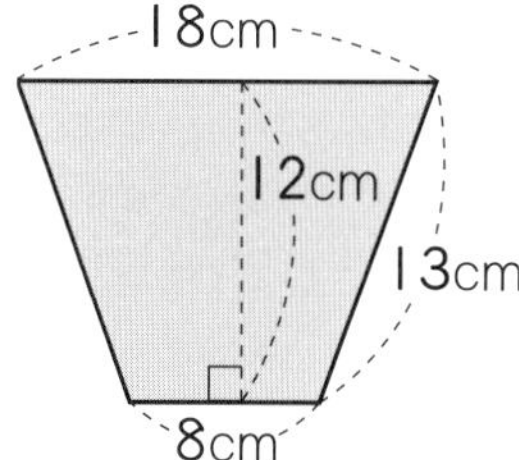

(　　　　　)

③
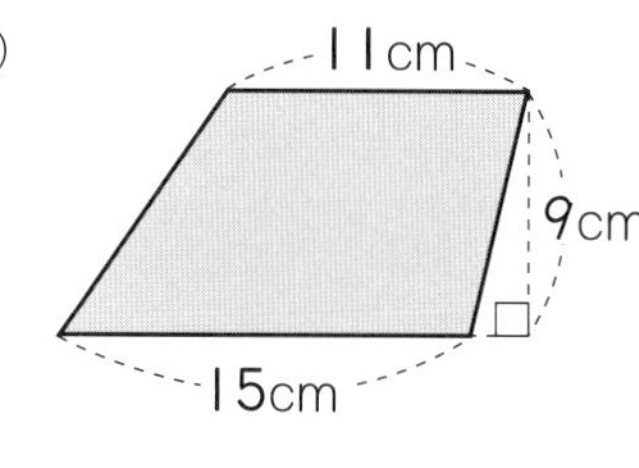

(　　　　　)

④
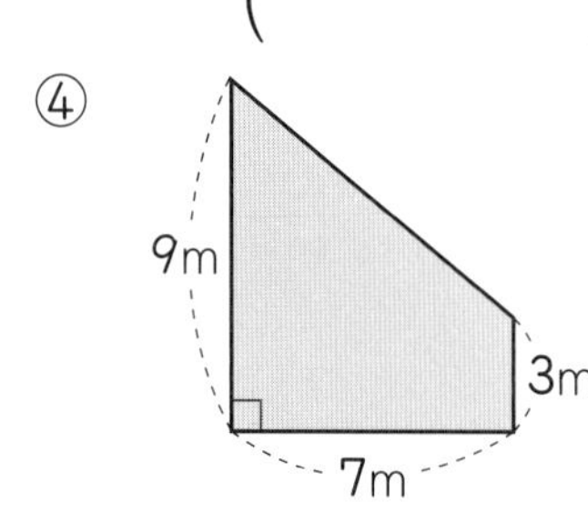

(　　　　　)

⑤
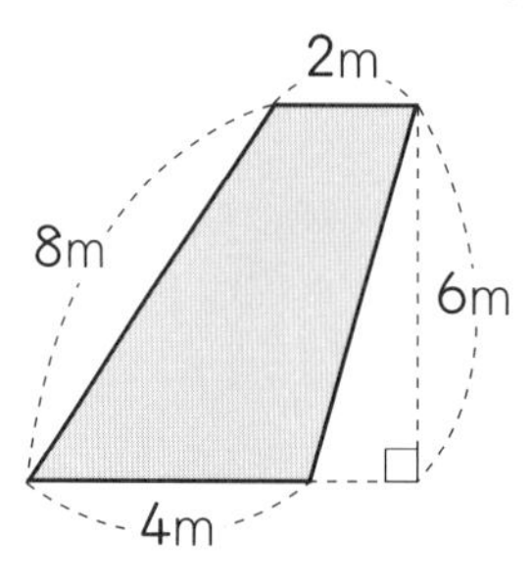

(　　　　　)

使わない長さが書いてあることもあるよ。まどわされないでね。

教科書 下55～57ページ

時間 15分　合格 80点　/100　月　日

答え 92ページ　サクッとこたえあわせ

●四角形と三角形の面積

⑬ 面積の求め方を考えよう

2 三角形の面積の求め方……(4)／3 三角形の高さと面積の関係

[ひし形の面積を、三角形や平行四辺形、長方形の面積を求める公式を利用して求めます。]

1 次の□にあてはまる数を書きましょう。ただし、方眼(ほうがん)の１めもりは１cmとします。 教 下58～59ページ2　30点(1つ5)

ひし形ＡＢＣＤ(エービーシーディー)の外側に、図のように長方形をかきます。

長方形の面積は、ひし形の面積の[2]倍です。

長方形のたては[4]cm、横は[8]cmなので、

ひし形ＡＢＣＤの面積＝[4]×[8]÷2＝[16](cm^2)

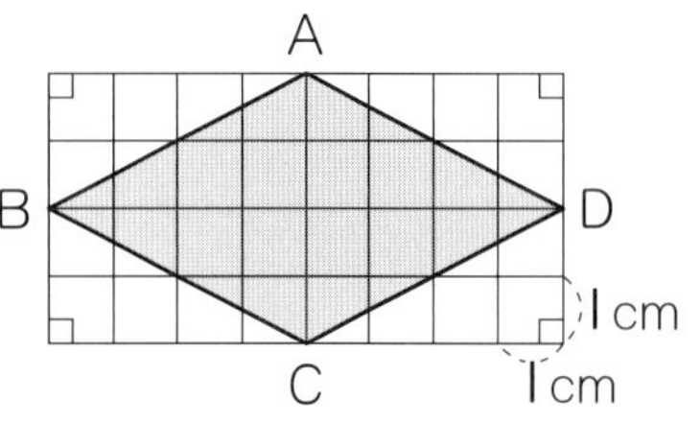

2 次の四角形の面積を求めましょう。 教 下59ページ①、②　50点(式15・答え10)

①

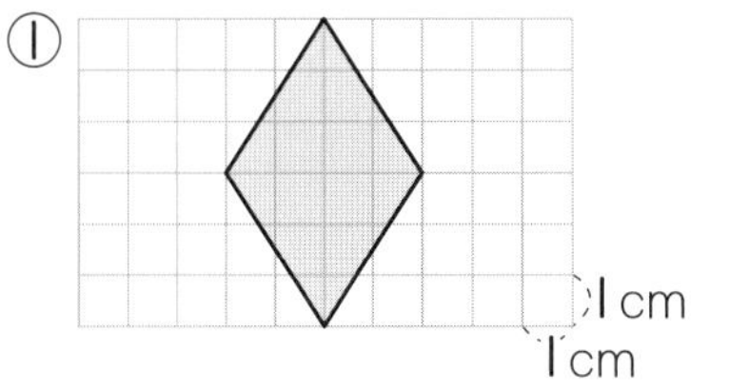

式

答え(　　　)

②

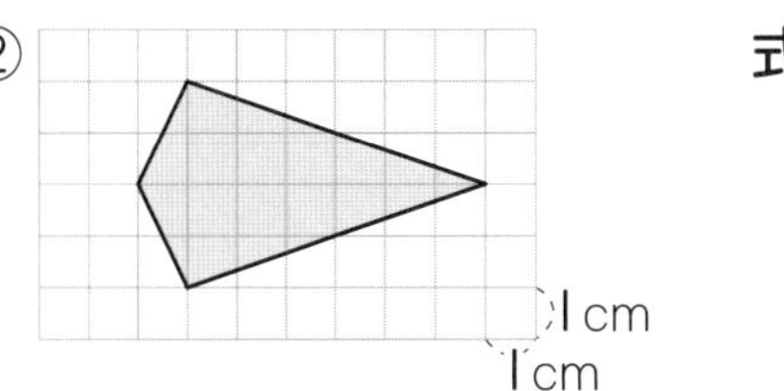

式

答え(　　　)

[平行四辺形や三角形では、底辺が同じとき、高さが２倍、３倍、…になると、面積も２倍、３倍、…になるので、面積は高さに比例(ひれい)します。]

3 右の図で、三角形の高さが２倍、３倍、…になるときの面積の変化について考えます。 教 下60ページ1　20点(1つ10)

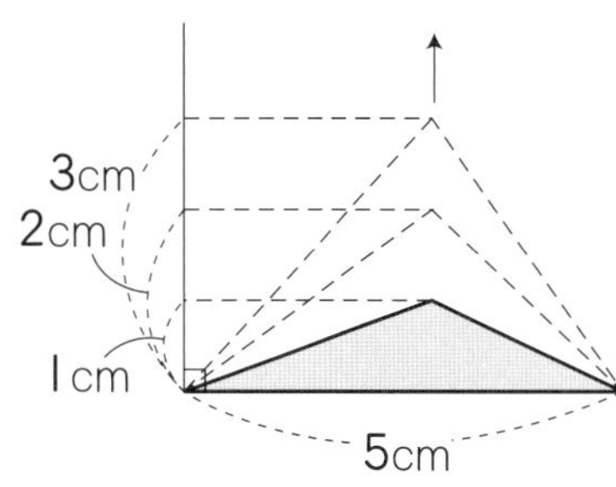

① 高さが４cmのときの面積を求めましょう。

(　　　)

② 高さが５倍になるとき、面積は何倍になりますか。

(　　　)

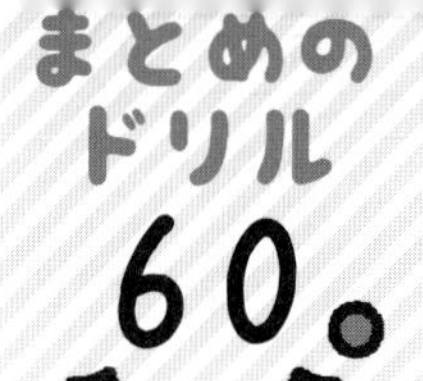

時間 15分　合格 80点　／100

月　日

●四角形と三角形の面積

⑬ 面積の求め方を考えよう

1 次の図形の面積を求めましょう。方眼（ほうがん）の１めもりは１cm とします。　60点(1つ10)

① 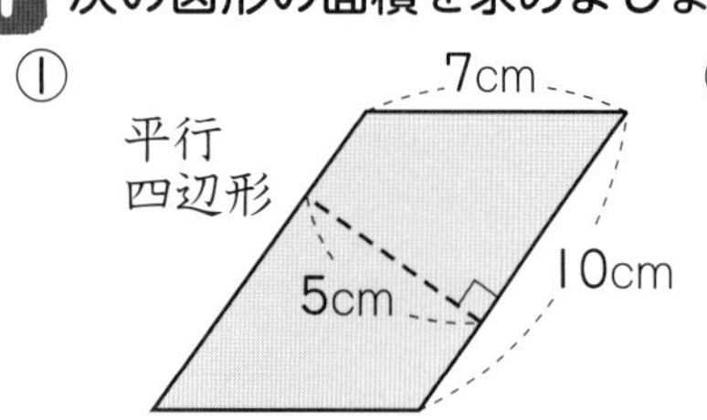

② 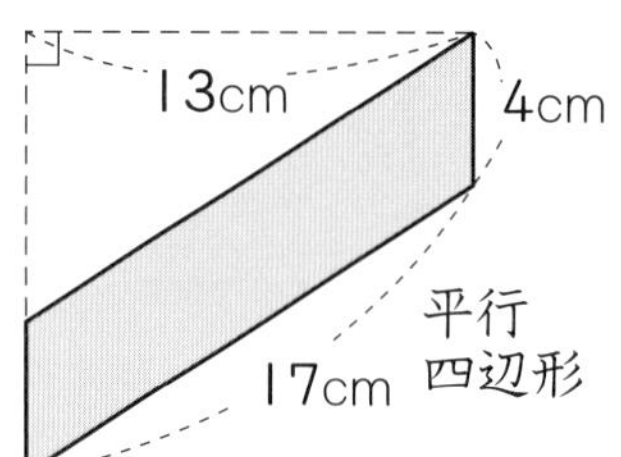

③ 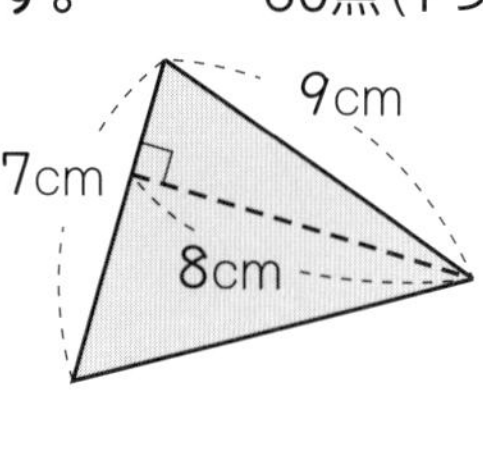

(　　　　)　(　　　　)　(　　　　)

④ 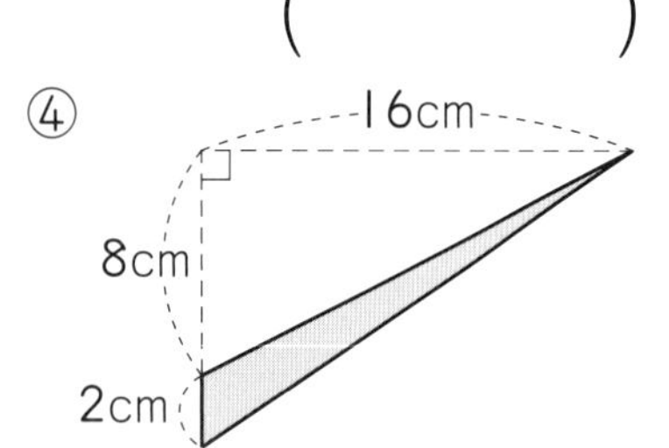

⑤ 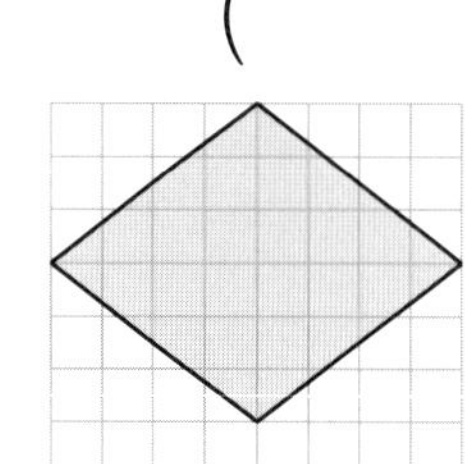

⑥ 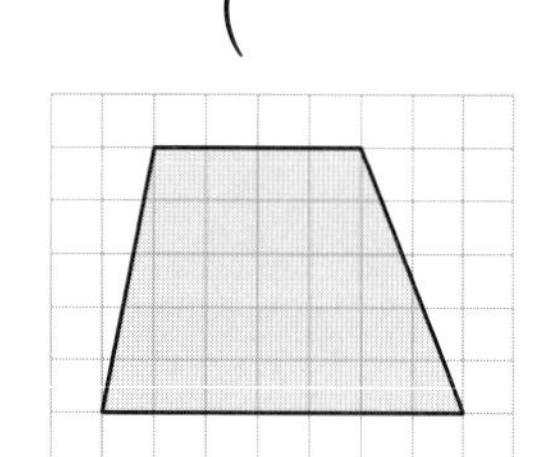

(　　　　)　(　　　　)　(　　　　)

2 右の図のかげをつけた部分の面積を求めましょう。　20点

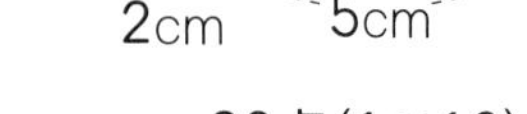

(　　　　)

3 右の三角形について、次の問いに答えましょう。　20点(1つ10)

① 底辺の長さを４倍にすると、面積は何 cm^2 になりますか。

(　　　　)

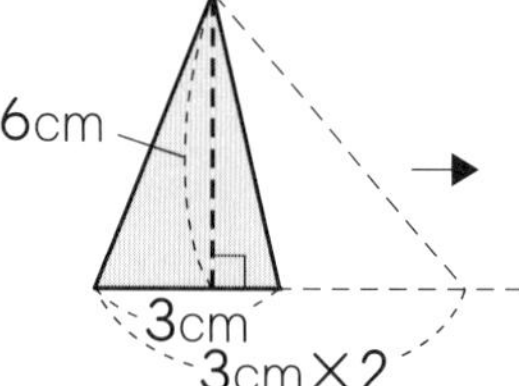

② 面積が 27 cm^2 になるのは、底辺を何 cm にしたときですか。

(　　　　)

合格 80点 ／100

月　日

図形の角／偶数と奇数、倍数と約数／分数と小数、整数の関係

サクッとこたえあわせ

答え 92ページ

1 下の三角形で、あ、いの角度は何度ですか。　20点(1つ10)

①

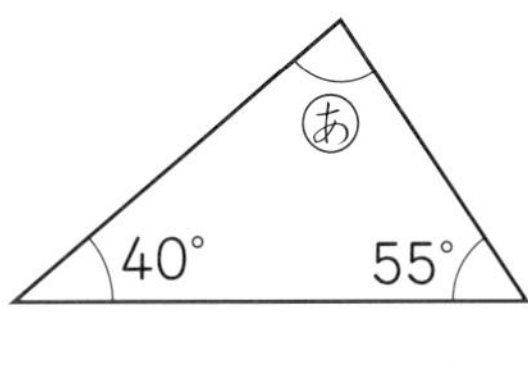

(　　　)

②

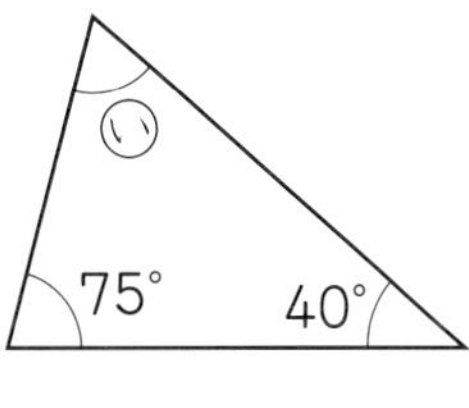

(　　　)

2 たて6cm、横9cm の長方形の紙があります。この紙を同じ向きにすきまなくしきつめて、なるべく小さな正方形を作ります。　20点(1つ10)

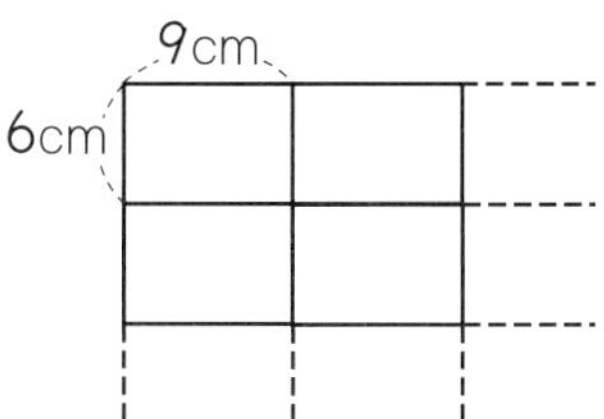

① いちばん小さな正方形の１辺の長さは何 cm ですか。

(　　　)

② いちばん小さな正方形を作るのに、長方形の紙は何まい必要ですか。

(　　　)

3 パンが 36 個、ジュースが 24 本あります。これをできるだけ多くの人に同じ数ずつ分けようとすると、何人に分けられますか。　10点

(　　　)

4 次の□にあてはまる分数を答えましょう。　20点(1つ10)

① 16g は 12g の□倍です。

② 7cm を１とみたとき、5cm は□にあたります。

5 次の分数は小数で、小数や整数は分数でそれぞれ表しましょう。　30点(1つ5)

① $\frac{3}{4}$　(　　　)　② $\frac{5}{8}$　(　　　)　③ $\frac{7}{2}$　(　　　)

④ 0.41　(　　　)　⑤ 13　(　　　)　⑥ 1.09　(　　　)

合格 80点　／100

月　日

答え 92ページ

分数のたし算とひき算／平均／単位量あたりの大きさ／四角形と三角形の面積

1 次の計算をしましょう。　42点(1つ7)

① $\frac{1}{5}+\frac{1}{3}$　② $\frac{1}{2}+\frac{5}{6}$　③ $\frac{6}{7}-\frac{2}{3}$

④ $\frac{7}{9}-\frac{1}{6}$　⑤ $2\frac{8}{15}-1\frac{1}{3}$　⑥ $\frac{5}{6}-0.3$

2 ある小学校の５年生の体重の平均(へいきん)を 45 kg とします。　16点(式4・答え4)

①　５年生 100 人分の体重の合計は何 t になると考えられますか。

式　　答え（　　）

②　５年生何人で、体重の合計が 18 t になると考えられますか。

式　　答え（　　）

3 次の問いに答えましょう。　21点(1つ7)

①　３時間で 210 km 走る電車の時速を求めましょう。

（　　）

②　時速 35 km で走るバスが３時間に走る道のりを求めましょう。

（　　）

③　時速 75 km で走る自動車が 300 km 進むのにかかる時間を求めましょう。

（　　）

4 次の図形の面積を求めましょう。方眼(ほうがん)の１めもりは１cm とします。　21点(1つ7)

①
8cm
7cm　6cm
平行四辺形

②
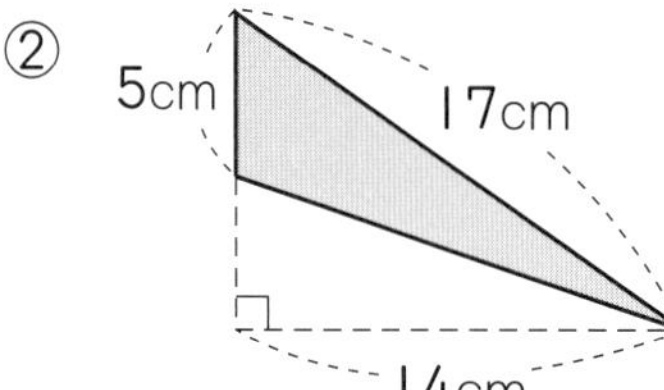

③
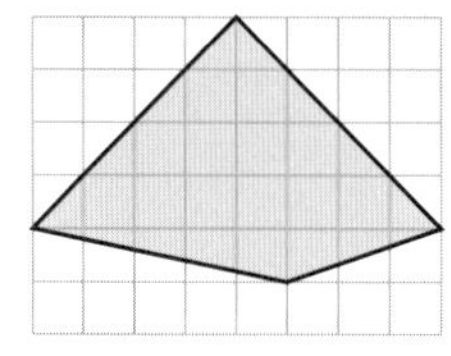

（　　）　（　　）　（　　）

合格 80点 ／100

月　日

サクッとこたえあわせ　答え 93ページ

●割合
⑭ 比べ方を考えよう（2）
1 割合 ……（1）

[比(くら)べられる量が、もとにする量のどれだけにあたるかを表した数を、割合(わりあい)といいます。]

1 右の表は、ソフトボールの大会での、くみさんとゆみさんの打げきの成績(せいせき)を表したものです。次の□にあてはまる数やことばを書きましょう。

教 下66～68ページ1　50点（1題10）

	打数（本）	安打（本）
くみ	15	6
ゆみ	12	3

① くみさんの打った安打数は、打数の
6 ÷ 15 = 0.4 （倍）です。

② ゆみさんの打った安打数は、打数の
□÷□＝□（倍）です。

③ 2人のうち、安打をよく打っているといえるのは、□さんのほうです。

④ もとにする量を1とみたとき、比べられる量がどれだけにあたるかを表した数を、□といいます。

⑤ 割合＝□÷□ で求めることができます。

2 たけしさんは、クラブの中に女子が何人いるかについて、5つのクラブで調べたところ、結果は下の表のようになりました。次の問いに答えましょう。 教 下68ページ⚠

50点（1つ10）

クラブの女子の人数調べ

クラブ名	部員数（人）	女子（人）	割合
卓(たっ)球(きゅう)	20	8	0.4
音楽	32	20	㋐
茶(さ)道(どう)	20	14	0.7
書道	24	12	㋑
バドミントン	35	21	㋒

① 部員数をもとにしたときの、女子の割合を求め、㋐～㋒に書きましょう。

② 5つのクラブの中で、女子の人数がいちばん多いのは、どのクラブですか。

（　　　　　）

③ 5つのクラブの中で、女子の割合がいちばん多いのは、どのクラブですか。

（　　　　　）

人数の多さと、割合の大きさは意味がちがうね。

時間15分　合格80点　/100

●割合

⑭ 比べ方を考えよう（2）

1　割合 ……（2）

［もとにする量を 100 とみたときの割合を百分率といい、％をつけて表します。］

1 よう子さんのクラスの人数は 24 人で、そのうち 6 人がねこを飼っています。次の□にあてはまる数やことばを書きましょう。 教 下70〜71ページ2

50点（1題10）

① クラスの人数をもとにすると、ねこを飼っている人の割合は、
6 ÷ 24 ＝ 0.25
です。

割合＝比べられる量÷もとにする量です。

② 割合を表す 0.01 を 1□といい、1□と書きます。

③ 百分率は、もとにする量を□とみたときの割合の表し方です。

④ 小数で表した割合を□倍すると、百分率になります。

⑤ ①で求めた割合を百分率で表すと、□％になります。

もとにする量
0　10　□　100　％
0　0.1　□　1　割合
ねこを飼っている人の割合

2 けんじさんの今月のおこづかいは 1400 円で、そのうち 420 円を本代にあてました。おこづかいをもとにした本代の割合を求め、百分率で表しましょう。 教 下71ページ△2　10点（式5・答え5）

式

答え（　　　）

％は次のように書くよ。
①②③ ％

3 次の小数や整数で表した割合を、百分率で表しましょう。 教 下71ページ△3

20点（1つ5）

① 0.08（　　）　② 0.6（　　）　③ 1.539（　　）　④ 3（　　）

4 次の百分率で表した割合を、小数で表しましょう。 教 下71ページ△4　20点（1つ5）

① 9％（　　）　② 27％（　　）　③ 130％（　　）　④ 0.8％（　　）

合格 80点 /100

月　日

●割合
⑭ 比べ方を考えよう (2)
2 百分率の問題

[比べられる量は、「比べられる量＝もとにする量×割合」で求めることができます。]

1 ある飲み物の中には、牛にゅうが 18 %ふくまれています。この飲み物が 300 mL あります。次の□にあてはまる数やことばを書きましょう。

教 下72ページ1　30点(1つ5)

① 18 %を小数で表すと、[0.18]です。

② 比べられる量は、
「比べられる量＝[　　]×[　　]」
で求められます。

③ この飲み物 300 mL の中にふくまれている
牛にゅうは、[　　]×[　　]＝[　　](mL)です。

0　18　100　%
0　0.18　1　割合
0　□　300　(mL)
比べられる量　もとにする量

2 定員 60 人の中学校に、160 %の入学希望者がありました。入学希望者は何人ですか。　教 下73ページ2　20点(式10・答え10)

式

答え (　　　)

3 今年の囲碁部は、部員が 18 人になりました。これは、去年の 120 %にあたります。次の□にあてはまる数を書きましょう。　教 下73～74ページ2　30点(1つ6)

① 120%を小数で表すと、[1.2]です。

② 去年の人数を□人とすると、
□×[　　]＝18 となるので、
□＝18÷[　　]＝[　　]
去年の囲碁部の人数は[　　]人です。

0　□　18 (人)
0　1　1.2　割合
0　100　120　%

4 あるバスの乗客は6人でした。これはバスの定員の 15 %にあたります。バスの定員は何人ですか。　教 下74ページ3　20点(式10・答え10)

式

答え (　　　)

教科書 下72～74ページ

時間 15分　合格 80点　／100

月　日

答え 93ページ　サクッとこたえあわせ

●割合

⑭ 比べ方を考えよう (2)
3 練習／4 わりびき、わりましの問題

[もとにする量は、「もとにする量＝比(くら)べられる量÷割合(わりあい)」で求めることができます。]

1 次の□にあてはまる数を、計算で求めましょう。 教 下75ページ⚠　30点(1つ10)

① 26 kg は、65 kg の□%です。

② 150 g の 130 %は□g です。

③ □人の 3 %は 24 人です。

2 ある日のえい画館の入場予定人数は 260 人でしたが、実際(じっさい)はその 90 %の人が入りました。何人入場しましたか。 教 下75ページ3　20点(式10・答え10)

式

答え (　　　)

3 みちるさんは、350 円のおかしを、20 %びきのねだんで買いました。代金はいくらですか。 教 下76ページ1　20点(式10・答え10)

式

答え (　　　)

4 仕入れのねだんが 600 円の本に、25%の利益(りえき)を加えて売ります。売るねだんはいくらですか。 教 下77ページ2　30点(式15・答え15)

式

答え (　　　)

時間 15分 合格 80点 /100

月 日

サクッとこたえあわせ 答え 93ページ

●割合

⑭ 比べ方を考えよう (2)

1 小数や整数で表した割合(わりあい)は百分率(ひゃくぶんりつ)で、百分率で表した割合は小数で表しましょう。 40点(1つ5)

① 0.07 (　　　) ② 1.05 (　　　) ③ 0.4 (　　　) ④ 7 (　　　)

⑤ 23 % (　　　) ⑥ 11.5 % (　　　) ⑦ 0.9 % (　　　) ⑧ 215 % (　　　)

2 次の□にあてはまる数を書きましょう。 20点(1つ5)

① 12 L は、16 L の□%です。 ② 210 人の 150 %は□人です。

③ 12.6 kg は 7 kg の□%です。 ④ □円の 70 %は 2240 円です。

3 ある鉱物(こうぶつ)には、鉄が約 15 %ふくまれています。この鉱物 4200 g からおよそ何 g の鉄を取り出すことができますか。 10点(式5・答え5)

式

答え (　　　)

4 えりかさんは 180 円のフェルトペンを買いました。これはえりかさんのおこづかいの 12 %にあたります。えりかさんのおこづかいはいくらですか。 10点(式5・答え5)

式

答え (　　　)

5 次の□にあてはまる数を書きましょう。 20点(1つ10)

① 定価(ていか) 2400 円のセーターを 15 %びきで買うと、代金は□円です。

② おこづかいが 25 %増(ふ)えて、1500 円になりました。もとのおこづかいは□円です。

教科書 下64〜80ページ

15分　合格 80点　/100

月　日

答え 94ページ

●帯グラフと円グラフ

⑮ 割合をグラフに表して調べよう……(1)

[全体をもとにして、各部分の割合(わりあい)を比(くら)べるには、帯(おび)グラフや円(えん)グラフが便利です。]

1 下のグラフは、東町小学校の5年生80人の、いちばんよく見るテレビ番組を調べた結果をまとめたものです。□にあてはまる数やことばを書きましょう。

教 下83～85ページ 1　100点(1つ10)

㋐ いちばんよく見るテレビ番組

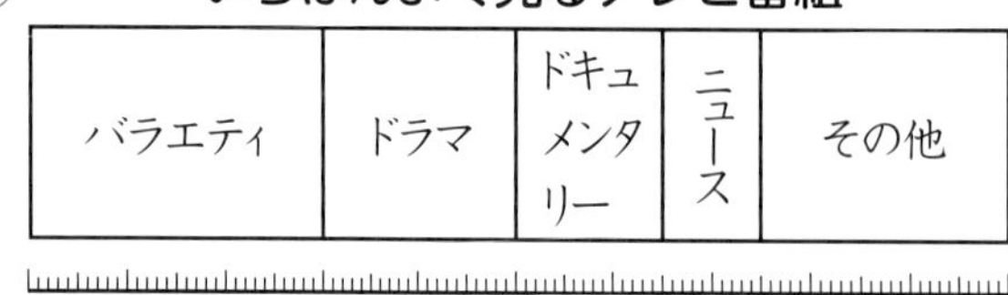

㋑ いちばんよく見るテレビ番組

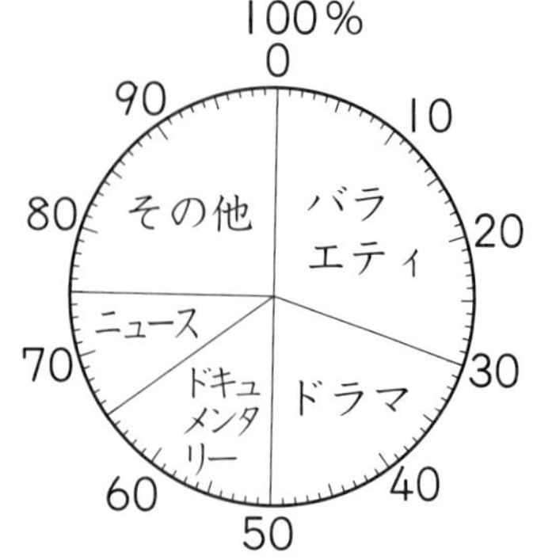

① ㋐は[帯]グラフ、㋑は[円]グラフです。

② ドラマ、ドキュメンタリー、ニュースをいちばんよく見る人の割合は、それぞれ全体の何%ですか。

ドラマ□%、ドキュメンタリー□%、ニュース□%

③ ドキュメンタリーとニュースをいちばんよく見る人の割合をあわせると、全体の $\frac{1}{\square}$ になります。

④ ドラマをいちばんよく見る人の割合は、ニュースをいちばんよく見る人の割合の□倍です。

⑤ いちばんよく見る人の多い番組の割合は、ニュースをいちばんよく見る人の割合の□倍で、差は□%です。

⑥ ドキュメンタリーをいちばんよく見る人の数は、□人です。

実際(じっさい)の人数を求めなくても、割合どうしで比べられますよ。

合格 80点 /100

●帯グラフと円グラフ

⑮ 割合をグラフに表して調べよう……(2)

[調べた結果を表にして、円グラフや帯グラフをかきます。]

1 右の表は、ある小学校で、「いちばん好きなペット」についてアンケートを行った結果です。 教 下85～87ページ2、89ページ3

100点(①④1つ5・②③グラフ1つ15)

① 右の表の空らん、あ～かの百分率(ひゃくぶんりつ)を求め、書きこみましょう。百分率は、小数第一位を四捨五入(ししゃごにゅう)して求めます。

4年生のねこの場合は、
15÷80＝0.187…
0.19 なので、19%になるね。

いちばん好きなペット

4年生のアンケート結果

好きなペット	人数(人)	百分率(%)
犬	32	40
ねこ	15	19
小鳥	12	あ
うさぎ	8	い
さかな	5	う
その他	8	10
合計	80	100

5年生のアンケート結果

好きなペット	人数(人)	百分率(%)
犬	16	え
ねこ	20	31
小鳥	10	16
うさぎ	8	お
さかな	4	か
その他	6	9
合計	64	100

② 2つの表を、下の帯グラフにそれぞれ表しましょう。

「いちばん好きなペット」別の人数の割合(わりあい)(4年生)

「いちばん好きなペット」別の人数の割合(5年生)

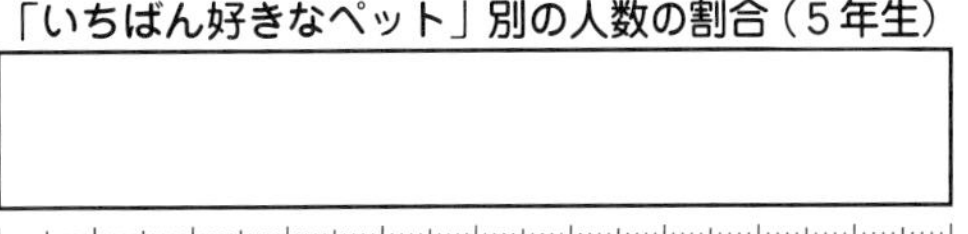

③ 2つの表を、下の円グラフにそれぞれ表しましょう。

「いちばん好きなペット」別の人数の割合(4年生)

100% 0, 10, 20, 30, 40, 50, 60, 70, 80, 90

「いちばん好きなペット」別の人数の割合(5年生)

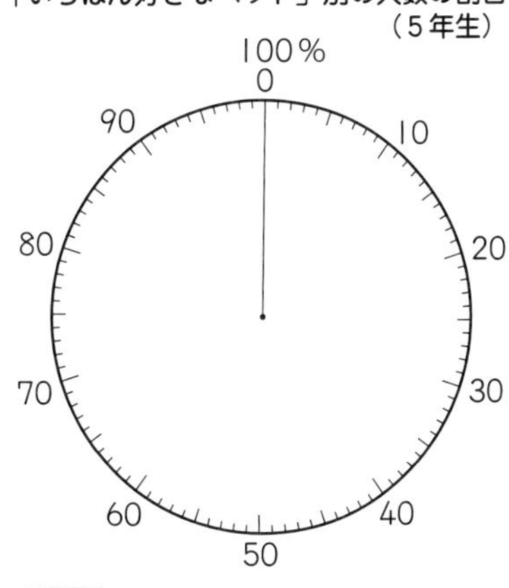

ふつう、割合の大きい順に、百分率にしたがって区切ります。「その他」は最後にします。

④ ねこ好きの割合が多いほうは□年生で、4年生と5年生で割合が等しいペットは、□です。

合格 80点 /100

月　日

●変わり方調べ

⑯ 変わり方を調べよう (2)

[ともなって変わる2つの量の関係を見つけて、計算で答えを求めます。]

1 1辺におはじきを4こおいて、下のように正三角形を作り、横にならべていきます。

教 下93〜95ページ 1

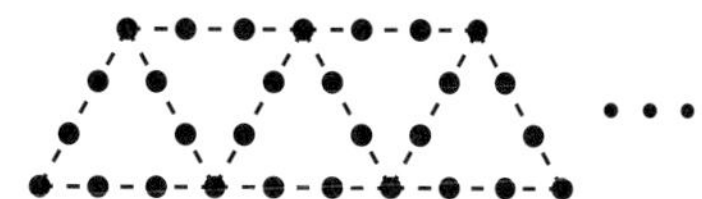

① 正三角形の数○こが1こ、2こ、…のとき、おはじきの数△こはそれぞれ何こになりますか。下の表にまとめましょう。 25点(1つ5)

正三角形の数○(こ)	1	2	3	4	5
おはじきの数△(こ)					

② 上の表を見て、次のように考えました。□にあてはまる数を書きましょう。 40点(1つ10)

正三角形の数が1こ増えるとおはじきの数は□こずつ増えるから、

正三角形の数	おはじきの数	
1このとき	9	
2このとき	9+5	5が□こ
3このとき	9+5+5	5が□こ
……		
○このとき	9+5+5+……+5	5が(○−□)こ

③ ②の考えをもとにして、正三角形の数○こと、おはじきの数△この関係を式に表しましょう。 20点

(　　　　　　　　　　)

④ 正三角形を30こ作るとき、おはじきは何こいりますか。 15点(式10・答え5)

式

答え (　　　　)

時間15分　合格80点　／100

月　日

答え 94ページ

●正多角形と円周の長さ

⑰ 多角形と円をくわしく調べよう

1 正多角形

[辺の長さがすべて等しく、角の大きさもすべて等しい多角形を、正多角形(せいたかくけい)といいます。]

1 右の正八角形(せいはちかくけい)について、次の問いに答えましょう。 教 下97〜98ページ1、99ページ2

40点(1つ10)

① □にあてはまることばを書きましょう。

8つの辺の長さはすべて［等しい］です。

8つの角の大きさはすべて［等しい］です。

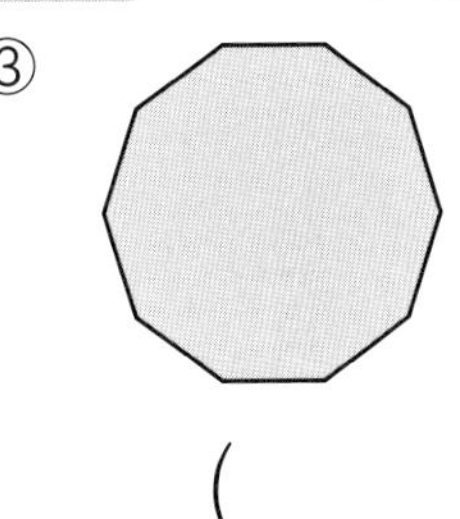

正八角形

② 正八角形の頂点(ちょうてん)を1つおきに直線でつなぐと、何という図形ができますか。

(　　　　)

③ 正八角形をかくとき、円の中心のまわりを8等分して、かくことができます。円の中心のまわりを8等分してできる1つの角の大きさは何度ですか。

(　　　　)

2 次の正多角形は、それぞれ何という図形ですか。 教 下98ページ③

30点(1つ10)

①　②　③

①(　　　　)　②(　　　　)　③(　　　　)

3 次の多角形は、正多角形といえますか。
いえるものには○、いえないものには×を書きましょう。 教 下98ページ④

30点(1つ10)

① 正三角形

② 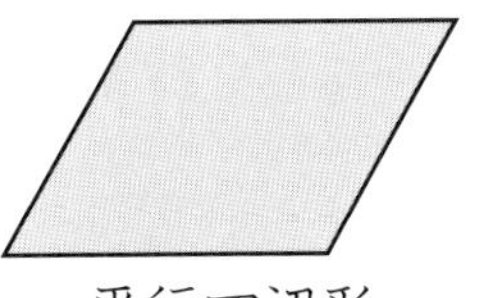
平行四辺形

③ 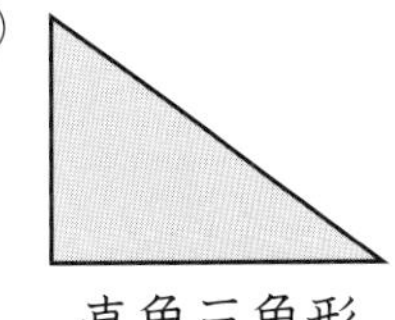
直角三角形

①(　　　　)　②(　　　　)　③(　　　　)

教科書 下96〜100ページ

時間 15分　合格 80点　／100

月　日

サクッとこたえあわせ
答え 94ページ

●正多角形と円周の長さ

⑰ 多角形と円をくわしく調べよう

2 円のまわりの長さ

［円周率(えんしゅうりつ)は、「円周率＝円周÷直径」で求められます。］

1 次の□にあてはまることばを書きましょう。 教下101～104ページ1 20点(1つ4)

① 円のまわりを□といいます。

② 円周の長さが直径の何倍かを表す数を、□といい、どの円でも等しく、□÷□で表されます。

③ 円周＝直径×□となります。

直径

2 次の□にあてはまる数を計算で求めましょう。 教下104ページ⚠1 20点(1つ10)

① 直径14cmの円の円周の長さは、□cmです。

② 半径1.5mの円の円周の長さは、□mです。

直径は半径の2倍だよ。

3 円周の長さが37.68cmの円の直径は何cmですか。 教下104ページ⚠2

式 10点(式5・答え5)

答え（　　　　）

4 半径の長さを変えていったときの円周の長さについて調べましょう。 教下106ページ3 50点(1つ10)

半径(cm)	1	2	3	4
円周(cm)	6.28	あ	い	う

① 表のあ～うにあてはまる数をかきましょう。

あ（　　　）　い（　　　）　う（　　　）

② 円周の長さは、半径の長さに比例(ひれい)していますか。

（　　　）

③ 半径が6cmのときの円周の長さは、半径が2cmのときの円周の長さの何倍ですか。

（　　　）

合格 80点 /100

月 日

サクッとこたえあわせ
答え 95ページ

●角柱と円柱

⑱ 立体をくわしく調べよう

1 角柱と円柱

[角柱では、側面の数は、1つの底面の辺の数と等しくなっています。]

1 角柱と円柱について、次の□にあてはまる記号やことばを書きましょう。

教 下111～113ページ1、114ページ3　60点(1つ5)

㋐
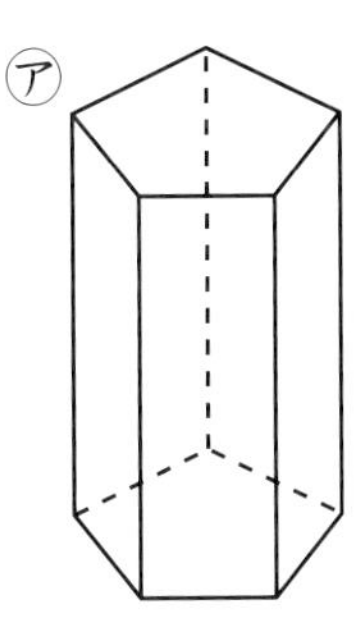
㋑
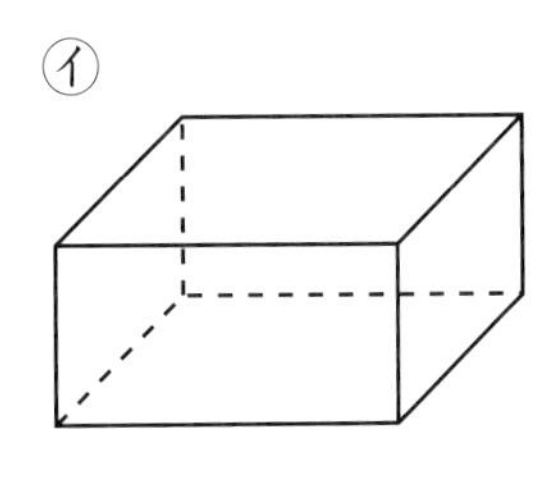
㋒
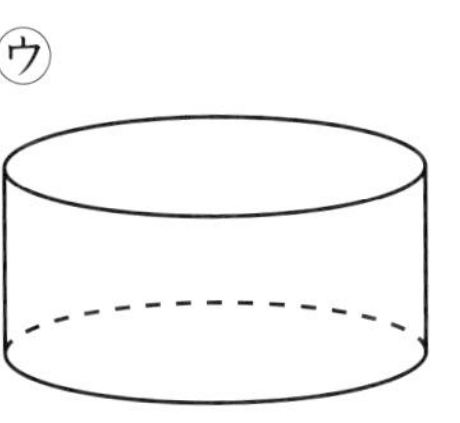
㋓
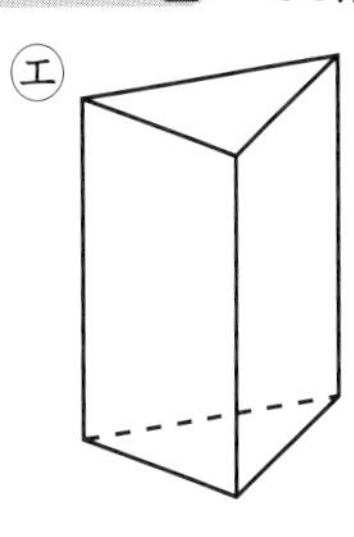

① ㋐～㋓のうち、三角柱は□、四角柱は□、円柱は□です。

② 角柱の側面の形は、長方形か□です。角柱の向かい合った2つの底面は、形は□で、ならび方は□になっています。また、底面と側面は□に交わっています。

③ 直方体や立方体は、角柱のうちの□のなかまです。

④ 円柱は、底面の形が□になっています。底面が□つあって、同じ大きさで、ならび方は□になっていることは角柱と同じですが、側面は、□になっています。

2 **1**の図を使って、次の問いに答えましょう。　教 下113ページ2　40点(1つ10)

① 三角柱に側面と頂点はそれぞれいくつありますか。

側面(　　　)　頂点(　　　)

② 角柱の頂点の数は、側面の数の何倍ですか。

(　　　)

③ 角柱の辺の数は、1つの底面の頂点の数の何倍ですか。　(　　　)

教科書 下110～115ページ

合格 80点 /100

月　日

サクッとこたえあわせ 答え 95ページ

●角柱と円柱

⑱ 立体をくわしく調べよう

2　角柱と円柱の展開図

[角柱・円柱の底面・側面の形を考えて、展開図をかきましょう。]

1 右の図は、ある立体の展開図です。次の問題に答えましょう。 教 下116ページ1

60点(1つ12)

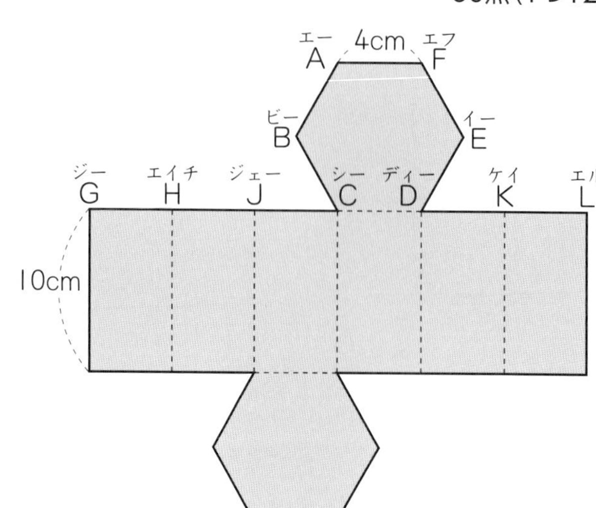

① この展開図を組み立ててできる立体の名前を書きましょう。

(　　　　)

② 側面全体は、何という四角形になりますか。

(　　　　)

③ この角柱の高さは何cmですか。

(　　　　)

ミスに注意！

④ 組み立てたとき、点Aと重なる点はどれですか。

(　　　　)

⑤ 組み立てたとき、辺KLと重なる辺はどれですか。

(　　　　)

2 右の円柱の展開図をかきました。 教 下117ページ2

40点(1つ20)

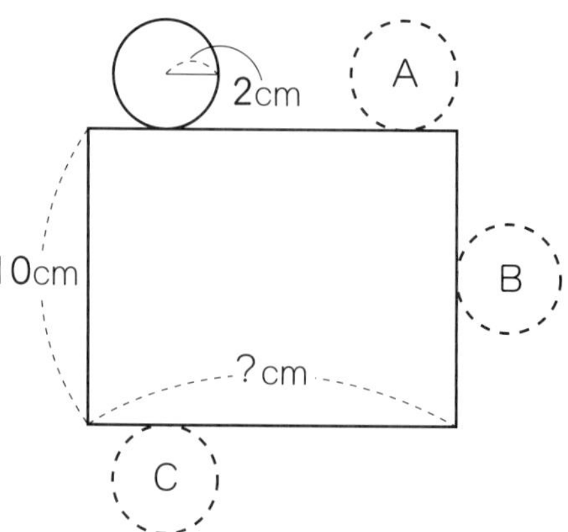

① あと1つの底面は、A、B、Cのうち、どこにつければよいですか。

(　　　　)

② 側面の長方形の横の長さは何cmですか。

(　　　　)

時間 15分　合格 80点　／100

月　日

サクッとこたえあわせ　答え 95ページ

プログラミングを体験しよう ……(2)

[いくつかの複数の作業を組み合わせ、それをくり返して１つの動作を作ります。]

1 右の図のような１辺が５cm の正六角形をかく手順を考えます。正六角形の１つの角は120°です。　60点(1つ10)

① 右の図で、点が頂点Ａから出発して頂点Ｃまで行くために出す指示を考えます。□にあてはまる数を書きましょう。

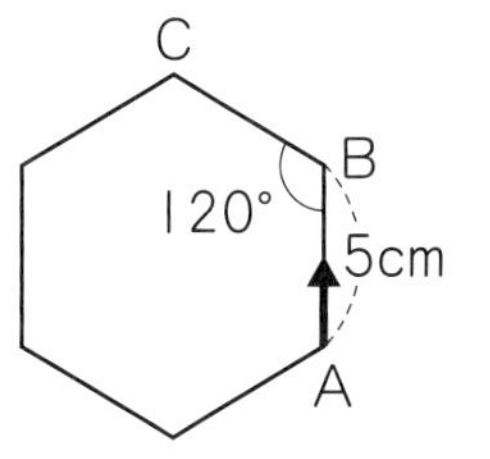

前に□cm 進みながら直線をかく（Ｂまで進む）

→□°左に回転する（Ｂで向きを変える）

→前に□cm 進みながら直線をかく（Ｃまで進む）

Ｂで向きを変えるには何度回転すればいいかな。

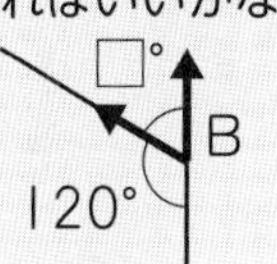

② 正六角形をかくための指示を考えます。
□にあてはまる数を書きましょう。

前に□cm 進みながら直線をかく

→□°左に回転する

この作業を□回くり返す

2 右の図のような長方形をかくために、まず点が頂点Ａから出発して頂点Ｂまで時計回りに動くために出す指示を考えます。□にあてはまる数を書きましょう。　40点(1つ10)

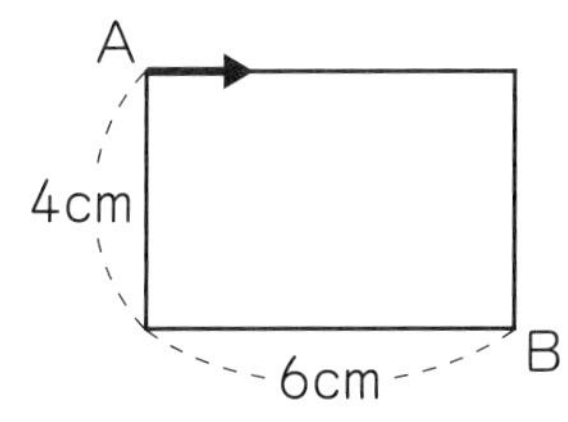

前に□cm 進みながら直線をかく→□°右に回転する

→前に□cm 進みながら直線をかく→□°右に回転する

この作業を２回くり返す

教科書 下130ページ

合格 80点　／100

月　日

サクッとこたえあわせ　答え 95ページ

整数と小数／直方体や立方体の体積

1 次の□にあてはまる数を書きましょう。　30点(1つ6)

① 1を7こ、0.1を4こ、0.01を8こあわせた数は、□です。

② 0.382を10倍すると□、100倍すると□です。

③ 4.82を$\frac{1}{10}$にすると□、$\frac{1}{100}$にすると□です。

2 1～5の数字を書いたカードが1まいずつあります。これを下の□にあてはめて、次の数をつくりましょう。　20点(1つ10)

① いちばん大きい数

□.□□□□

② 3にいちばん近い数

□.□□□□

3 下の立方体や立体の体積を求めましょう。　30点(式10・答え5)

①

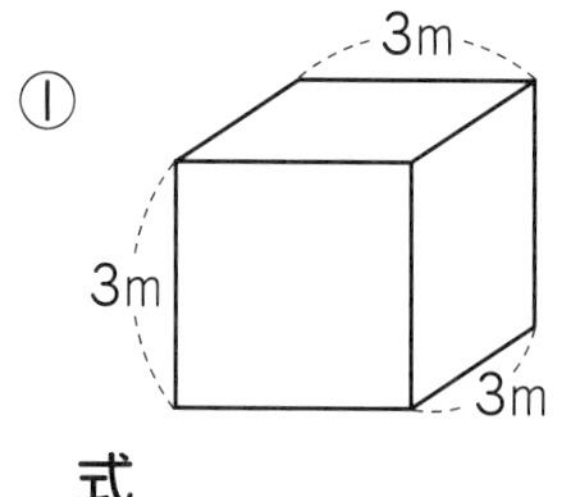

式

答え（　　　）

②

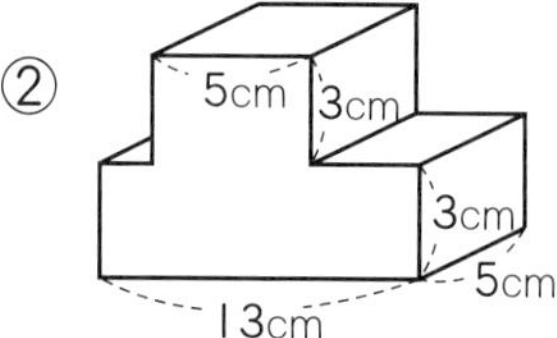

式

答え（　　　）

4 下の図のような直方体の容器(ようき)に水を2000 cm^3 入れると、水の深さは何cmになりますか。　20点(式10・答え10)

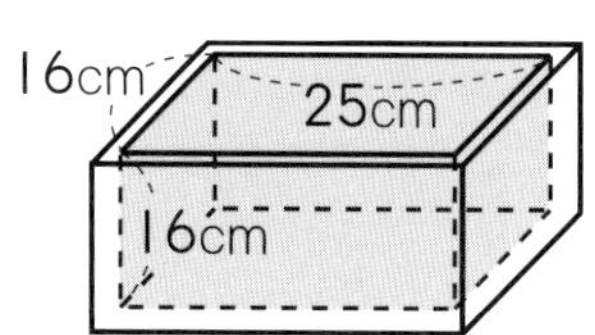

式

答え（　　　）

学年末のホームテスト 77

時間 15分　合格 80点　／100

月　日

サクッとこたえあわせ
答え 95ページ

小数のかけ算／小数のわり算／偶数と奇数、倍数と約数／分数と小数、整数の関係／分数のたし算とひき算

1 次の計算をしましょう。わり算はわりきれるまで計算しましょう。　40点(1つ5)

① 4.7×1.6　② 6.4×1.8　③ 95×3.8　④ 0.53×1.4

⑤ $6.8 \overline{)\,37.4}$　⑥ $3.5 \overline{)\,2.8}$　⑦ $9.6 \overline{)\,36}$　⑧ $0.4 \overline{)\,6}$

2 次の問題に答えましょう。　10点(1つ5)

① 9と12の公倍数を、小さいほうから3つ求めましょう。

(　　　　　)

② 18と30の公約数を全部求めましょう。

(　　　　　)

3 次の分数は小数で、小数や整数は分数でそれぞれ表しましょう。　20点(1つ5)

① $\frac{9}{10}$　② $\frac{11}{4}$　③ 0.93　④ 2

(　　)　(　　)　(　　)　(　　)

4 次の計算をしましょう。　30点(1つ5)

① $\frac{2}{3}+\frac{1}{5}$　② $\frac{1}{9}+\frac{2}{3}$　③ $2\frac{4}{15}+1\frac{2}{5}$

④ $\frac{5}{6}-\frac{2}{3}$　⑤ $\frac{2}{3}-\frac{1}{15}$　⑥ $3\frac{1}{4}-2\frac{1}{6}$

15分　合格 80点　／100

月　日

単位量あたりの大きさ／四角形と三角形の面積／割合

1 秒速 14 m で走る馬は、1分 20 秒間では何 m 進みますか。　10点(式5・答え5)

式

答え（　　　）

2 次の図形の面積を求めましょう。方眼(ほうがん)の1めもりは1cmとします。　30点(1つ10)

①

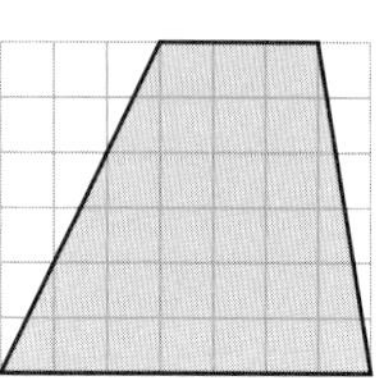

②

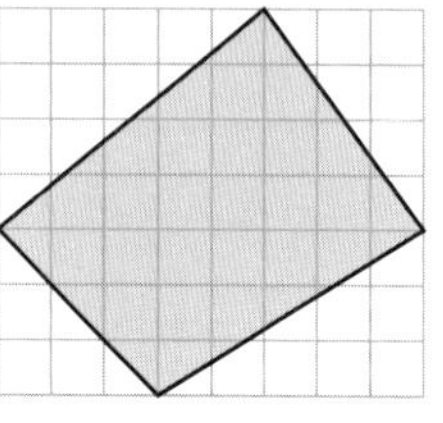

③

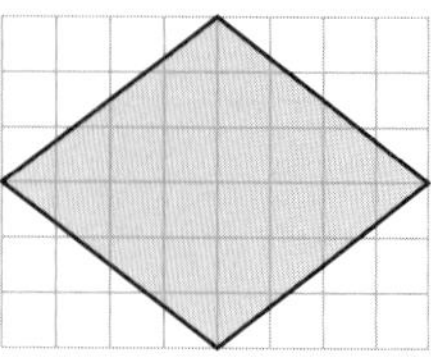

（　　　）　（　　　）　（　　　）

3 右の三角形について、□にあてはまる数を書きましょう。　20点(1つ10)

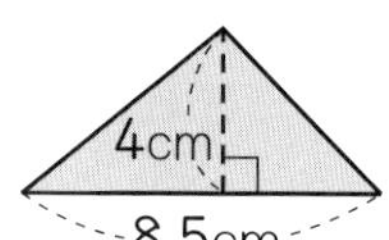

① 底辺はそのままで、高さを 2.5 倍にすると、面積は □ cm^2 になります。

② 高さはそのままで、面積を 76.5 cm^2 にするには、底辺を □ 倍にします。

4 ある品物に 625 円の利益(りえき)を見こんで定価(ていか)をつけました。この利益は仕入れたねだんの 25％にあたります。この品物の仕入れたねだんはいくらですか。
20点(式15・答え5)

式

答え（　　　）

5 なつみさんは、マーカーのセットを、定価 800 円の 35％びきで買いました。代金はいくらですか。
20点(式15・答え5)

式

答え（　　　）

●ドリルやテストが終わったら、うしろの「がんばり表」に色をぬりましょう。
●まちがえたら、必ずやり直しましょう。「考え方」も読み直しましょう。

1. ① 整数と小数　1ページ

1 ①百、十　②$\frac{1}{10}$、$\frac{1}{100}$
2 ①3、4、2、9、3　②1、0、2、1
3 ①<　②>　③<　④>
4 ①9こ　②36こ　③765こ　④1300こ
5 ①98.765　②4.0123

考え方 5 ①数の大きい順にあてはめます。
②4より大きい数で4にいちばん近い数4.0123と、4より小さい数で4にいちばん近い数3.9876で、どちらが4に近いかを調べましょう。

2. ① 整数と小数　2ページ

1 ①10　②100
2 ①62.8　②243　③217　④9830　⑤5620　⑥48300
3 ①$\frac{1}{10}$　②$\frac{1}{100}$
4 ①7.26　②0.263　③6.312　④0.256　⑤0.8372　⑥0.0738

考え方 2 小数や整数を10倍、100倍すると、位はそれぞれ1けた、2けた上がります。

6.28 →(10倍) 62.8 →(10倍) 628　（6.28 →(100倍) 628）

そのとき、小数点以下の数字がなくなるときは、小数点はつけません。

4 小数や整数を$\frac{1}{10}$、$\frac{1}{100}$にすると、位はそれぞれ1けた、2けた下がります。

72.6 →($\frac{1}{10}$) 7.26 →($\frac{1}{10}$) 0.726　（72.6 →($\frac{1}{100}$) 0.726）

そのとき、いちばん大きい位が小数点以下になったときは0と小数点「.」をうって表します。

3. ② 直方体や立方体の体積　3ページ

1 体積、1立方センチメートル、1 cm^3
2 ①30　②24 cm^3　③㋐、6 cm^3
3 ①2 cm^3　②1 cm^3

4. ② 直方体や立方体の体積　4ページ

1 ①式　3×3×3=27　答え　27こ
②27 cm^3
2 ①式　6×10×8=480　答え　480 cm^3
②式　11×5×3=165　答え　165 cm^3
③式　5×5×5=125　答え　125 cm^3
3 ①式　12×9×3=324　答え　324 cm^3
②式　6×6×6=216　答え　216 cm^3

考え方 2 体積は、次の公式で求めます。
直方体の体積=たて×横×高さ
立方体の体積=1辺×1辺×1辺
3 ①組み立てると、たて12 cm、横9 cm、高さ3 cmの直方体ができます。
②組み立てると、1辺の長さが6 cmの立方体ができます。

5. ② 直方体や立方体の体積　5ページ

1 ①A(エー)　式　5×8×4=160
B(ビー)　式　5×3×2=30
A+B　式　160+30=190
答え　190 cm^3
②A　式　5×8×6=240
B　式　5×5×2=50
A−B　式　240−50=190
答え　190 cm^3

② ①式 10×15×12−10×10×4
=1800−400
=1400　　答え 1400 cm^3
②式 6×10×2−3×4×2
=120−24
=96　　答え 96 cm^3
③式 6×8×3+4×8×3
=144+96
=240　　答え 240 cm^3

考え方 ② 大きな直方体の体積からへこんだ部分の体積をひいて求める方法と、2つの直方体に分けて体積をそれぞれ求め、たして求める方法があります。

6. ② 直方体や立方体の体積　6ページ

① 1立方メートル、1 m^3
② ①式 5×12×3=180　答え 180 m^3
②式 4×4×4=64　答え 64 m^3
③ 式 16×30×25=12000
答え 12000 cm^3、12 L
④

1辺の長さ	1cm	10cm	1m
正方形の面積	1 cm^2	100 cm^2	1 m^2
立方体の体積	1 cm^3 1 mL	1000 cm^3 1 L	1 m^3 1 kL

考え方 ③ 1L=1000 mL=1000 cm^3
入れ物の内側の長さを「内(うち)のり」といいます。

7. ③ 比例　7ページ

① ①80、8、240、3、6、3
②6倍
③比例(ひれい)する
② ①48 cm^3
②高さ…6cm　体積…3倍
③比例している。

考え方 ② ①体積は、
6×4×2=48(cm^3)
②高さは3倍になる。体積は、直方体の3つ分だから、3倍になる。
③高さが2倍、3倍、…になると、それにともなって体積も2倍、3倍、…になるので、体積は高さに比例している。

8. ③ 比例　8ページ

① ①比例している。
②厚(あつ)さが2倍、3倍、…になると、それにともなってまい数も2倍、3倍、…になっているから。
② ①比例している。
②㋐6、6
㋑40、6、240、240
③ ③式 40×12=480　答え 480円

9. ④ 小数のかけ算　9ページ

① ①32、10、10、32、10、32、192、192
②10、32、32、10、32、10、192、192
② ①62　②126　③212　④110
⑤420　⑥770
③ 式 400×6.2=2480
答え 2480円

考え方 ② かける数を10倍し、かけられる数を10でわっても、積は変わりません。
かける数を10倍して計算し、積を10でわる方法もあります。
①20×3.1=2×31=62
または、20×3.1=20×31÷10=62

10. ④ 小数のかけ算　10ページ

① ①10、10、100
②156、156、100、1.56
② ①88.8　②88.8　③8.88
③
```
①    3.1    ②   2.93    ③    28.4
   ×2.3       ×  3.2       ×  4.7
     93          586         1988
    62          879         1136
    7.13        9.376       133.48

④   28.3    ⑤    67     ⑥    243
   ×6.08       ×9.2        ×  5.4
    2264         134          972
  1698          603         1215
  172.064       616.4        1312.2
```
④ 式 2.7×3.4=9.18　答え 9.18 kg

考え方 かけられる数とかける数の、小数点以下のけた数の和が、積の小数点以下のけた数と同じになります。

❷ 小数点をどこにうてばよいか考えましょう。

❸ 整数の部分どうしのかけ算をして、積の整数の部分がおよそいくつになるか見当をつけると、小数点の位置のまちがいが少なくなります。

11. ④ 小数のかけ算 11ページ

❶

①
```
  1.4
× 1.5
   70
  14
 2.10
```
②
```
  0.3
× 2.5
   15
   6
 0.75
```
③
```
  2.6
× 1.5
  130
  26
 3.90
```
④
```
   7.5
 × 4.2
   150
  300
 31.50
```
⑤
```
   2.16
 ×  9.5
   1080
  1944
 20.520
```
⑥
```
    35
 × 4.8
   280
  140
 168.0
```
⑦
```
  0.4
× 1.4
   16
   4
 0.56
```
⑧
```
  0.6
× 1.3
   18
   6
 0.78
```
⑨
```
  0.74
×  1.3
   222
   74
 0.962
```
⑩
```
  0.5
× 1.6
   30
   5
 0.80
```

❷ ㋑、㋓

❸

①
```
  6.4
× 0.2
 1.28
```
②
```
 15.3
×  0.4
 6.12
```
③
```
  0.8
× 0.7
 0.56
```
④
```
   0.4
× 0.06
 0.024
```
⑤
```
  1.4
× 0.5
 0.70
```
⑥
```
  0.25
×  0.8
 0.200
```

考え方 小数の最後の0は消します。小数点の前に数字がないときは、一の位をはっきりさせるために0を書いて、小数点をうちます。

12. ④ 小数のかけ算 12ページ

❶ ①1.44 m² ②94.3 cm²

❷ 式 3.5×4.3×0.8＝12.04

答え 12.04 m³

❸ ①0.5、6、6、138、3、141

②59.4 ③98 ④7.4

⑤16 ⑥59

考え方 ❶ ①1.2×1.2＝1.44

②11.5×8.2＝94.3

❸ 次のようにくふうして計算します。

②19.8×3＝(20−0.2)×3

＝20×3−0.2×3

③4×9.8×2.5＝(4×2.5)×9.8

④3.7×0.4×5＝3.7×(0.4×5)

⑤7.2×1.6＋2.8×1.6

＝(7.2＋2.8)×1.6

⑥13.2×5.9−3.2×5.9

＝(13.2−3.2)×5.9

13. ④ 小数のかけ算 13ページ

❶

①
```
    40
 × 8.7
   280
  320
 348.0
```
②
```
    36
 × 5.3
   108
  180
 190.8
```
③
```
   2.7
 × 7.8
   216
  189
 21.06
```
④
```
   23.2
 ×  3.6
   1392
   696
  83.52
```
⑤
```
     7.8
  × 3.49
     702
    312
   234
  27.222
```
⑥
```
   20.3
 ×  8.5
   1015
  1624
 172.55
```
⑦
```
   3.8
 × 4.5
   190
  152
 17.10
```
⑧
```
   7.45
 ×  1.4
   2980
   745
 10.430
```
⑨
```
  0.2
× 4.9
   18
   8
 0.98
```
⑩
```
  3.5
× 0.9
 3.15
```
⑪
```
   0.95
 × 0.67
    665
   570
 0.6365
```
⑫
```
  8.5
× 0.4
 3.40
```

❷ 式 240×4.2＝1008 答え 1008円

❸ ①8.9 ②74

❹ ①0.4 ②22.09 ③大きく

考え方 **3** ①0.4×8.9×2.5
=(0.4×2.5)×8.9
②19.6×3.7+0.4×3.7
=(19.6+0.4)×3.7

4 ①0.8×0.5 で求められます。
②4.7×4.7 で求められます。
③1より大きい数をかけると、積はかけられる数より大きくなります。

14. ⑤ 小数のわり算 14ページ

1 ①15、15、15 ②10、10、10、15
③400、400

2 ①60 ②160 ③50
④50 ⑤40 ⑥80

3 式 180÷4.5=40 答え 40円

考え方 **1** 2つの考え方があります。
・わる数を10倍にすると商は $\frac{1}{10}$ になるので、商を10倍すると、正しい答えになります。→①
・わられる数、わる数をともに10倍しても、商は変わりません。→②
計算がかんたんになるほうを使いましょう。

15. ⑤ 小数のわり算 15ページ

1

①
```
        5.5
1.2)6.6
    60
     60
     60
      0
```

②
```
         6.5
8.4)54.6
    504
     420
     420
       0
```

③
```
         5.5
4.8)26.4
    240
     240
     240
       0
```

④
```
         3.5
5.6)19.6
    168
     280
     280
       0
```

⑤
```
         7.5
3.4)25.5
    238
     170
     170
       0
```

⑥
```
        7
3.5)24.5
    245
      0
```

⑦
```
       4
3.6)14.4
    144
      0
```

⑧
```
       34
2.6)88.4
    78
    104
    104
      0
```

2 ①0.18 ②18 ③1.8

3

①
```
       0.5
3.4)1.7.0
     170
       0
```

②
```
       0.6
4.5)2.7.0
     270
       0
```

③
```
       0.7
2.3)1.6.1
     161
       0
```

④
```
       0.75
4.4)3.3.0
     308
      220
      220
        0
```

⑤
```
       0.28
7.5)2.1.0
     150
      600
      600
        0
```

⑥
```
       2.5
3.6)9.0
    72
    180
    180
      0
```

⑦
```
        7.6
7.5)57.0
    525
     450
     450
       0
```

⑧
```
        7.5
4.8)36.0.0
    336
     240
     240
       0
```

考え方 **3** わられる数が整数のときは、小数点を動かすとき、動いた分の位を表す0を書きたします。

16. ⑤ 小数のわり算 16ページ

1 ㋐と㋒

2

①
```
        68
0.2)13.6
    12
     16
     16
      0
```

②
```
       3.65
0.4)1.4.6
    12
     26
     24
      20
      20
       0
```

③ 1.55
0.6)0.9.3
6
33
30
30
30
0

④ 15
0.8)12.0
8
40
40
0

3 ① 8
2.78
1.4)3.9
28
110
98
120
112
8

② 4.34 (4.3)
2.6)11.3
104
90
78
120
104
16

③ 4
4.38
4.2)18.4
168
160
126
340
336
4

4 式 9.8÷3.2=3.06…

答え 約 3.1 kg

考え方 **2** われる数の小数点も、わる数と同じだけ右にうつします。④のように数がないときは、0を書きたします。
3 上から2けたのがい数を求めるには、上から3けためを四捨五入(ししゃごにゅう)します。

17. ⑤ 小数のわり算 17ページ

1 ①4、0.3　②4人　③0.3 m
④4、0.3

2 ①5.8÷0.9=6 あまり 0.4
②7.8÷2.8=2 あまり 2.2
③9.6÷2.7=3 あまり 1.5
④30.4÷8.4=3 あまり 5.2
⑤18.3÷3.1=5 あまり 2.8
⑥38÷5.3=7 あまり 0.9
<検算(けんざん)> ①0.9×6+0.4=5.8
②2.8×2+2.2=7.8
③2.7×3+1.5=9.6
④8.4×3+5.2=30.4
⑤3.1×5+2.8=18.3
⑥5.3×7+0.9=38

考え方 **2** あまりの小数点の位置は、われる数のもとの小数点の位置と同じです。商の小数点の位置とはちがうこともあるので注意しましょう。

② 2
2.8)7.8
56
2.2

④ 3
8.4)30.4
252
5.2

⑥ 7
5.3)38.0
371
0.9

18. ⑤ 小数のわり算 18ページ

1 ① 2.6
4.5)11.7
90
270
270
0

② 2.4
9.5)22.8
190
380
380
0

③ 6.5
5.8)37.7
348
290
290
0

④ 0.35
6.2)2.17
186
310
310
0

⑤ 14
4.5)63.0
45
180
180
0

⑥ 52
0.7)36.4
35
14
14
0

⑦ 23.6
0.5)11.8
10
18
15
30
30
0

⑧ 30
0.2)6.0
6
0

2 式 20.8÷3.6=5.77…

答え 約 5.8 m

3 ①17.4÷3.2=5 あまり 1.4
②43.8÷4.6=9 あまり 2.4
③56÷6.1=9 あまり 1.1
<検算> ①3.2×5+1.4=17.4

②4.6×9+2.4=43.8

③6.1×9+1.1=56

考え方 ❸ 検算では「わる数×商+あまり=わられる数」を利用して、答えを確かめましょう。

① 3.2)17.4 → 商 5、160、あまり 1.4
② 4.6)43.8 → 商 9、414、あまり 2.4
③ 6.1)56.0 → 商 9、549、あまり 1.1

19. 小数の倍 19ページ

❶ ①5、2、2.5、2、5
②2、5、0.4

❷ ①1.2、2.4、0.5、0.5
②左から、0.75、1.5
③0.75、0.5

考え方 ❷ ②高校…1.2÷1.6=0.75
中学校…2.4÷1.6=1.5
③中学校…2.4÷3.2=0.75
ようち園…1.6÷3.2=0.5

20. 小数の倍 20ページ

❶ ①式 2×2.5=5 答え 5L
②式 2×0.8=1.6 答え 1.6L

❷

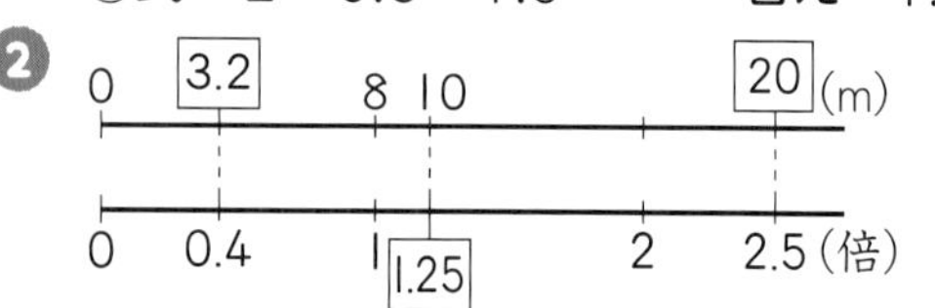

❸ ①9、4.3、1、4.3
②式 9×0.7=6.3 答え 6.3kg

考え方 ❷ 8mを1とみているので、0.4にあたる量は、8×0.4=3.2(m) また、10mは、10÷8=1.25(倍)になります。
❸ ②9×0.7=6.3の式は、9kgを1とみたとき、0.7にあたる重さが6.3kgであることを表しています。

21. 小数の倍 21ページ

❶ ①□×3.2=20.8
②式 □=20.8÷3.2
=6.5 答え 6.5kg

❷ ①プリン 式 140÷100=1.4
答え 1.4倍
ヨーグルト 式 120÷80=1.5
答え 1.5倍
②ヨーグルト

考え方 ❷ もとのねだんがちがうので、2010年のねだんを1とみたとき、2020年のねだんがいくつにあたるかを調べます。

22. ⑥ 合同な図形 22ページ

❶ 順に、Ⓘ、㋕、㋓

❷ ①4.1cm ②2.9cm ③35°
④90° ⑤55°

❸ ①台形
②ひし形、正方形

考え方 ❷ それぞれ次の辺や角が対応します。
①辺AB ②辺AC ③角B ④角A
⑤角C

23. ⑥ 合同な図形 23ページ

❶ ①、④、⑥

❷ ①

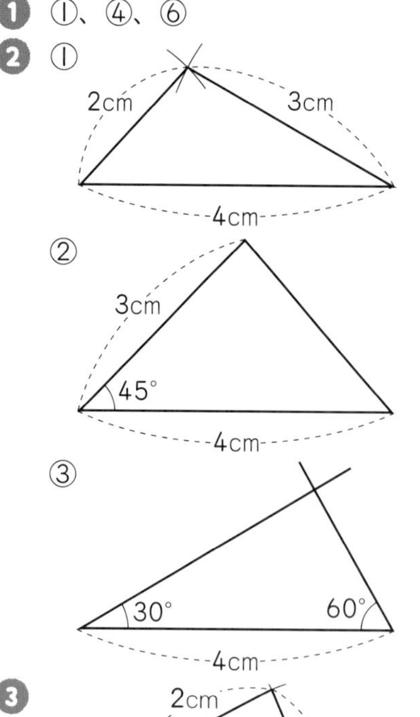

❸

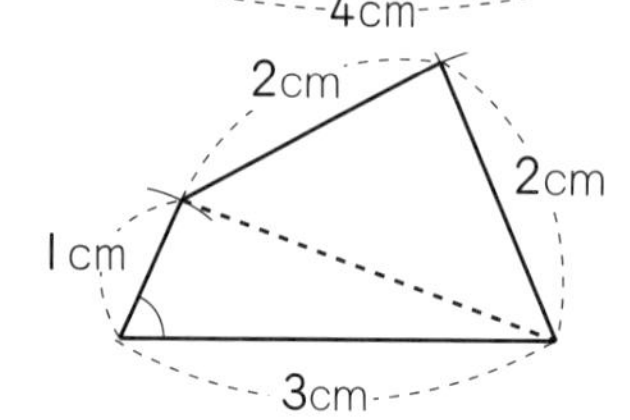

考え方 ❸ 1本の対角線で2つの三角形に分けて考えれば、合同な三角形のかき方を使ってかくことができます。図に示した角の大きさは65°です。

24. 整数と小数／直方体や立方体の体積 24ページ

❶ ①7、9、5　②6、5、7、8

❷

	10倍	100倍	$\frac{1}{10}$	$\frac{1}{100}$
23	230	2300	2.3	0.23
26.5	265	2650	2.65	0.265
10.02	100.2	1002	1.002	0.1002

❸ ①式　7×7×7＝343　答え　343 cm³

②式　2×7×4＝56　答え　56 m³

❹ 式　2×4×3－2×3×1

＝24－6＝18　答え　18 cm³

考え方 ❷ 小数や整数を10倍、100倍、…すると、位は、それぞれ1けた、2けた、…上がります。小数点の位置は、それぞれ右に1けた、2けた、…うつります。また、小数や整数を$\frac{1}{10}$、$\frac{1}{100}$、…にすると、位は、それぞれ1けた、2けた、…下がります。小数点の位置は、それぞれ左に1けた、2けた、…うつります。

❸ 直方体、立方体の体積は次の式で求めることができます。

直方体の体積＝たて×横×高さ

立方体の体積＝1辺×1辺×1辺

❹ 大きい直方体の体積から中の欠けた部分の直方体の体積をひいて求めましょう。

25. 比例／小数のかけ算／小数のわり算 25ページ

❶ ①比例している。

②800 g

❷ ①5.32　②24.84　③0.52

④0.45　⑤3.5　⑥7.5

❸ ①7.62　②10

考え方 ❶ ①まい数が2倍、3倍、…になると、それにともなって重さも2倍、3倍、…になるので、重さはまい数に比例しています。

②まい数が20まいから200まいの10倍になると、重さも10倍になるから、80×10＝800(g)

❸ ①0.5×7.62×2＝(0.5×2)×7.62

＝1×7.62

②1.9×2.5＋2.1×2.5

＝(1.9＋2.1)×2.5＝4×2.5

26. 小数の倍／合同な図形 26ページ

❶ ①1.25

②式　60÷25＝2.4　答え　2.4倍

❷ 式　□×1.5＝48

□＝48÷1.5

＝32　答え　32 cm

❸ ①頂点E　②辺FG　③角F

❹ 5 cm

考え方 ❶ ①60÷48＝1.25

❹

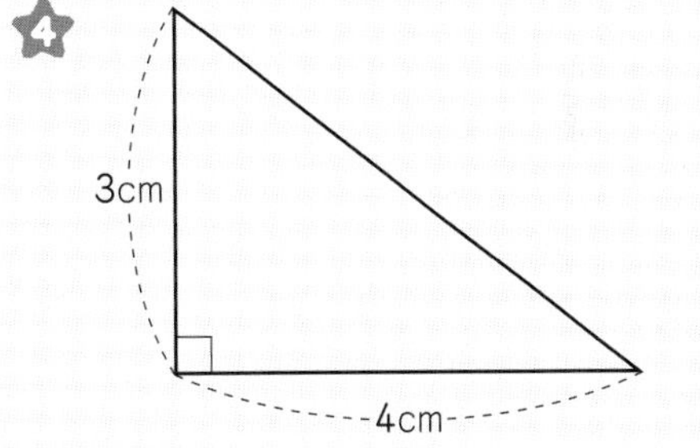

27. ⑦ 図形の角 27ページ

❶ ①A…90　B…45

C…45　和は…180

②D…90　E…60

F…30　和は…180

❷ ①60＋60＋60＝180

②60＋70＋50＝180

③20＋30＋130＝180

❸ ①80　②145　③45

④130　⑤150

考え方 ❸ ①180－(55＋45)＝80

②180－(15＋20)＝145

③180－(110＋25)＝45

④のこりの内側の角は、

180－(50＋80)＝50

□の角は、180－50＝130

⑤のこりの内側の角は、
180－(120＋30)＝30
□の角は、180－30＝150

28. ⑦ 図形の角 28ページ

❶ ①2、3
②2、360、3、540
③直線、多角形
❷ ①80　②105　③70　④40
❸ 九角形…1260°　十角形…1440°

考え方 ❷ ①360－(70＋90＋120)
＝80
②360－(85＋95＋105)＝75
180－75＝105
③(360－110×2)÷2＝70
④(360－140×2)÷2＝40
❸ 九角形は7つの三角形に分けられるから、
180×7＝1260
十角形は8つの三角形に分けられるから、
180×8＝1440

29. ⑦ 図形の角 29ページ

❶ ①360°
②角㋔…角㋑　角㋕…角㋐　角㋖…角㋓
③360°
④9cm　⑤4cm　⑥平行四辺形
❷ 360、1

30. ⑧ 偶数と奇数、倍数と約数 30ページ

❶ 偶数(ぐうすう)、奇数(きすう)
❷ ①○　②×　③○　④○
❸ ①偶数…36、76、84
②奇数…17、23、41、67、99
❹ ①偶数　②奇数
❺ ①9、偶数　②21、偶数
③6、奇数　④18、奇数

考え方 ❷ ①0は偶数に入ります。
❸、❹ 整数が偶数か奇数かは、整数の一の位の数字で決まります。
偶数…一の位が0、2、4、6、8
奇数…一の位が1、3、5、7、9

31. ⑧ 偶数と奇数、倍数と約数 31ページ

❶ 7、14、21、28、35
❷ ①2、4、6、8、10、12、14、16、18、20、22、24、26、28、30
②3、6、9、12、15、18、21、24、27、30
③5、10、15、20、25、30
❸ ①6、12、18、24、30
②10、20、30
③15、30
④6　⑤10　⑥15

考え方 0は倍数に入れないことにします。

32. ⑧ 偶数と奇数、倍数と約数 32ページ

❶ ①10、20、30、40
②12、24、36、48
③28、56、84、112
④30、60、90、120
⑤18、36、54、72
❷ ①14　②6　③24
❸ ①30　②80　③12
❹ 10時20分

考え方 最小公倍数を利用します。
❶ もっとも小さい公倍数は最小公倍数で、それ以外の3つの公倍数は、最小公倍数を2倍、3倍、4倍して求めます。
❹ 8と12と15の最小公倍数は120で120分＝2時間だから、8時20分の2時間後となります。

33. ⑧ 偶数と奇数、倍数と約数 33ページ

❶ ①

1	2	3	4	5	6	7	8	9	10	11	12	13	14	15	16
○	○	×	○	×	×	×	○	×	×	×	×	×	×	×	○

②約数
❷ ①1、3、9　②1、3、5、15
③1、2、3、6、9、18
❸ ①1、3、9　②9
❹ ①㋐1、2、3、4、6、8、12、24
㋑1、2、4、5、10、20
②約数

34。⑧ 偶数と奇数、倍数と約数 34ページ

❶ ①公約数…1、2、4　最大公約数…4
②公約数…1、2、4、8　最大公約数…8
③公約数…1、3、9　最大公約数…9
④公約数…1、2、3、6　最大公約数…6
⑤公約数…1、5　最大公約数…5
⑥公約数…1、2、3、4、6、12
最大公約数…12

❷ 1辺の長さ…8cm
正方形の紙のまい数…15まい

❸ ①7　②8

考え方 ❶ 公約数は最大公約数の約数になります。
❷ 1辺の長さは、24と40の最大公約数になります。
❸ いちばん小さい数の約数から考えます。

35。⑨ 分数と小数、整数の関係 35ページ

❶ ①$\frac{1}{3}$　②分母、分子
③㋐$\frac{1}{5}$　㋑4、5

❷ ①$\frac{4}{7}$　②$\frac{6}{11}$　③$\frac{13}{8}$　④$\frac{8}{15}$
⑤$\frac{13}{4}$　⑥$\frac{8}{3}$

❸ ①9　②1　③7　④6　⑤5
⑥3、13

考え方 ❷、❸ ■÷●＝$\frac{■}{●}$、$\frac{■}{●}$＝■÷●を使います。

36。⑨ 分数と小数、整数の関係 36ページ

❶ ①5、6、$\frac{5}{6}$、7、6、$\frac{7}{6}$
②6、5
③式　$6 \div 7 = \frac{6}{7}$　答え　$\frac{6}{7}$倍

❷ ①式　$15 \div 8 = \frac{15}{8}$　答え　$\frac{15}{8}$倍
②式　$8 \div 15 = \frac{8}{15}$　答え　$\frac{8}{15}$倍

37。⑨ 分数と小数、整数の関係 37ページ

❶ ①3、4、0.75　②31、$\frac{31}{100}$
③7、$\frac{7}{1}$

❷ ①＞　②＜

❸ ①1.75　②3.8　③3　④2.375

❹ ①$\frac{9}{10}$　②$\frac{37}{100}$
③$\frac{9}{1}$　④$\frac{403}{100}\left(4\frac{3}{100}\right)$

考え方 ❶ ③整数を分数で表すには、分母を1にします。

38。⑨ 分数と小数、整数の関係 38ページ

❶ ①$\frac{9}{2}$　②$\frac{5}{8}$　③$\frac{7}{6}$　④$\frac{11}{4}$

❷ ①7　②9　③100　④10

❸ ①$\frac{9}{14}$倍　②$\frac{14}{9}$

❹ ①0.875　②2.25
③3.2　④$\frac{49}{100}$
⑤$\frac{10}{1}$　⑥$\frac{307}{100}\left(3\frac{7}{100}\right)$

❺ ①＜　②＞

考え方 ❺ 分数を小数で表して考えます。
①$\frac{8}{5}=1.6$　②$\frac{31}{50}=0.62$

おうちのかたへ　小数や整数を分数で、分数は小数で表せるようにしておきましょう。

39。プログラミングを体験しよう 39ページ

❶ ①4でわったときのあまりが0になる数
②1、2、何もしない
③

11	何もしない	16	数を書き出す
12	数を書き出す	17	何もしない
13	何もしない	18	何もしない
14	何もしない	19	何もしない
15	何もしない	20	数を書き出す

④100、12、0

40 ⑩ 分数のたし算とひき算 40ページ

1 ①㋑ $\frac{3}{5}$、㋒ $\frac{3}{10}$、$\frac{7}{10}$

② $\frac{2}{5}$…$\frac{4}{10}$、$\frac{1}{2}$…$\frac{5}{10}$

③ $\frac{9}{10}$

2 ① $\frac{3}{4}=\frac{3\times3}{4\times\boxed{3}}=\frac{9}{\boxed{12}}$

② $\frac{3}{7}=\frac{6}{\boxed{14}}=\frac{\boxed{9}}{21}$

③ $\frac{6}{9}=\frac{6\div\boxed{3}}{9\div3}=\frac{2}{\boxed{3}}$

④ $\frac{15}{25}=\frac{3}{\boxed{5}}=\frac{\boxed{6}}{10}$

考え方 **1** ①、②同じ1の長さの数直線を、㋐は2等分、㋑は5等分、㋒は10等分というように分母の大きさで分けています。数直線の右にあるほうが大きい数です。

③ $\frac{2}{5}+\frac{1}{2}=\frac{4}{10}+\frac{5}{10}=\frac{9}{10}$

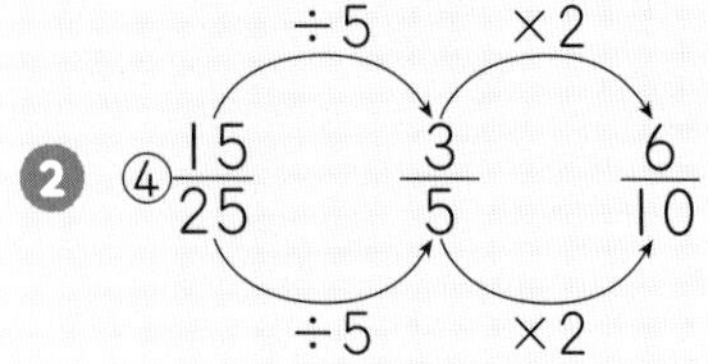

41 ⑩ 分数のたし算とひき算 41ページ

1 ① $\frac{1}{2}$　② $\frac{3}{4}$　③ $\frac{2}{3}$　④ $2\frac{1}{7}$

2 ① $\frac{1}{4}=\frac{2}{8}=\frac{\boxed{3}}{12}=\frac{4}{16}=\frac{\boxed{5}}{20}=\frac{6}{24}=\frac{\boxed{7}}{28}$

$=\frac{\boxed{8}}{32}=\cdots$

$\frac{2}{7}=\frac{\boxed{4}}{14}=\frac{6}{21}=\frac{\boxed{8}}{28}=\frac{\boxed{10}}{35}=\cdots$

② $\frac{1}{4}=\boxed{\frac{7}{28}}$、$\frac{2}{7}=\boxed{\frac{8}{28}}$

③式 $\frac{2}{7}-\frac{1}{4}=\frac{\boxed{8}}{28}-\frac{\boxed{7}}{28}=\boxed{\frac{1}{28}}$

答え $\frac{1}{28}$ m

考え方 **1** 約分をするとき、分母と分子を両方の最大公約数でわれば、一度にできますが、とりあえず思いついた公約数でわって、さらに公約数をさがす、というやり方でもよいでしょう。

42 ⑩ 分数のたし算とひき算 42ページ

1 ① $>$　② $<$

2 ① $\frac{10}{24}$、$\frac{9}{24}$　② $\frac{45}{60}$、$\frac{16}{60}$、$\frac{9}{60}$

3 ① $\frac{7}{8}$　② $\frac{41}{42}$　③ $\frac{19}{20}$

④ $\frac{3}{10}$　⑤ $\frac{17}{36}$　⑥ $\frac{1}{12}$

考え方 **1**、**2**、**3** 通分するときは最小公倍数を利用しましょう。

3 ① $\frac{5}{8}+\frac{1}{4}=\frac{5}{8}+\frac{2}{8}=\frac{7}{8}$

③ $\frac{1}{5}+\frac{3}{4}=\frac{4}{20}+\frac{15}{20}=\frac{19}{20}$

⑤ $\frac{8}{9}-\frac{5}{12}=\frac{32}{36}-\frac{15}{36}=\frac{17}{36}$

43 ⑩ 分数のたし算とひき算 43ページ

1 ① $\frac{2}{3}$　② $\frac{4}{3}\left(1\frac{1}{3}\right)$　③ $\frac{17}{10}\left(1\frac{7}{10}\right)$

④ $\frac{1}{5}$　⑤ $\frac{1}{2}$　⑥ $\frac{23}{36}$

2 ① $\frac{4}{5}-\frac{8}{15}+\frac{1}{9}=\frac{\boxed{12}}{15}-\frac{8}{15}+\frac{1}{9}$

$=\frac{\boxed{4}}{15}+\frac{1}{9}=\frac{\boxed{12}}{45}+\frac{5}{45}=\frac{17}{45}$

② $\frac{4}{5}-\frac{8}{15}+\frac{1}{9}=\frac{\boxed{36}}{45}-\frac{\boxed{24}}{45}+\frac{5}{45}=\frac{17}{45}$

考え方

1 ② $\frac{3}{4}+\frac{7}{12}=\frac{9}{12}+\frac{7}{12}=\frac{16}{12}=\frac{4}{3}$

④ $\frac{7}{10}-\frac{1}{2}=\frac{7}{10}-\frac{5}{10}=\frac{2}{10}=\frac{1}{5}$

⑤ $\frac{9}{14}-\frac{1}{7}=\frac{9}{14}-\frac{2}{14}=\frac{7}{14}=\frac{1}{2}$

44. ⑩ 分数のたし算とひき算 44ページ

1 ① $3\frac{17}{30}\left(\frac{107}{30}\right)$　② $5\frac{1}{12}\left(\frac{61}{12}\right)$

③ $1\frac{1}{2}\left(\frac{3}{2}\right)$

2 順に、$\frac{\boxed{4}}{10}$、$\frac{\boxed{8}}{20}$、$\frac{\boxed{7}}{20}$

3 ① $\frac{9}{10}$　② $\frac{11}{20}$　③ $\frac{5}{3}\left(1\frac{2}{3}\right)$　④ $\frac{4}{15}$

4 ① $\frac{50}{60}$、$\frac{10}{12}$、$\frac{5}{6}$ など

② $\frac{54}{60}$、$\frac{9}{10}$ など

③ $\frac{80}{60}$、$1\frac{20}{60}$、$\frac{16}{12}$、$1\frac{4}{12}$、

$\frac{8}{6}$、$1\frac{2}{6}$、$\frac{4}{3}$、$1\frac{1}{3}$ など

考え方 **1** 分母のちがう帯分数のたし算やひき算は、帯分数のまま通分するか、仮分(かぶん)数(すう)になおしてから通分するしかたで計算しましょう。

3 小数を分数になおして計算します。

③ $1.5+\frac{1}{6}=\frac{15}{10}+\frac{1}{6}$

$=\frac{45}{30}+\frac{5}{30}=\frac{50}{30}=\frac{5}{3}$

45. ⑩ 分数のたし算とひき算 45ページ

1 ① $\frac{5}{6}=\frac{\boxed{15}}{18}=\frac{\boxed{45}}{54}$　② $\frac{18}{24}=\frac{6}{\boxed{8}}=\frac{\boxed{24}}{32}$

2 ① $\frac{2}{3}$　② $\frac{3}{7}$　③ $\frac{5}{2}$　④ $\frac{7}{2}$

3 ① $\left(\frac{28}{60}, \frac{39}{60}\right)$　② $\left(\frac{15}{30}, \frac{10}{30}, \frac{24}{30}\right)$

4 ① $\frac{61}{30}\left(2\frac{1}{30}\right)$　② $\frac{9}{10}$

③ $\frac{5}{12}$　④ $\frac{11}{15}$

5 ①式 $\frac{2}{3}+\frac{1}{7}=\frac{14}{21}+\frac{3}{21}=\frac{17}{21}$

答え $\frac{17}{21}$ km

②式 $\frac{20}{21}-\frac{2}{3}=\frac{20}{21}-\frac{14}{21}=\frac{6}{21}=\frac{2}{7}$

答え $\frac{2}{7}$ km

考え方 **1** ②

$$\frac{18}{24}=\frac{6}{\boxed{8}}=\frac{\boxed{24}}{32}$$

（上：÷3 ×4、下：÷3 ×4）

2 ④26と91の最大公約数は13です。

46. ⑪ 平均 46ページ

1 ①式 (6+9+7+8+7+5)÷6=7

答え 7点

②平均(へいきん)

2 ①式 (120+160+95+150+130)÷5=131　答え 131 g

②式 131×12=1572

答え 1572 g

3 式 1800÷4=450　答え 450まい

考え方 **2**、**3** 平均を使うと、全体の量を予想することができます。

47. ⑪ 平均 47ページ

1 式 (80+70+0+85+90+65)÷6=65　答え 65球

2 式 (7+0+8+5+12)÷5=6.4

答え 6.4点

3 式 (2+4+6+0+5)÷5=3.4

答え 3.4人

考え方 平均を求めるとき、0のときも個(こ)数に入れます。

48. ⑪ 平均 48ページ

1 式 (58.2+58.3+58.6+58.4+58.5)÷5=58.4　答え 58.4 cm

2 ①式 (9.0+8.9+13.5+9.4)÷4=10.2　答え 10.2秒

②式 (9.0+8.9+9.4)÷3=9.1

答え 9.1秒

考え方 **2** ②13.5秒をのぞいた3回分の平均を求めます。

49。 ⑫ 単位量あたりの大きさ 49ページ

❶ ①水の量と熱帯魚の数
②A
③C
④式　Aの水そう　104÷80＝1.3
　　Cの水そう　96÷70＝1.37…（4に切り上げ）
答え　C
⑤式　Aの水そう　80÷104＝0.769…（7）
　　Cの水そう　70÷96＝0.729…（3）
答え　C

考え方 ❶ ②水の量が同じだから、魚の数の多いほうがこんでいます。③魚の数が同じだから、水の量が少ないほうがこんでいます。⑤熱帯魚１ぴきあたりの水の量の少ないほうがこんでいることになります。

50。 ⑫ 単位量あたりの大きさ 50ページ

❶ 東京都
式　14090000÷2194＝6422.…
答え　約 6400 人
大阪府
式　8780000÷1905＝4608.…
答え　約 4600 人
❷ ①920÷800＝1.15(kg)
690÷500＝1.38(kg)
②Bさんの家の畑
❸ 式　A店　380÷4＝95(円)
B店　540÷6＝90(円)
答え　A店

考え方 ❶ 人口密度は、1 km² あたりの人口で表します。

51。 ⑫ 単位量あたりの大きさ 51ページ

❶ ①80、20、50、2、25
②4、0.05、2、50、0.04
③まさお
④なおきさん

考え方 ❶ 速さは、1分間あたりに走った平均の道のりや、1mあたりにかかった平均の時間などの「単位量あたりの大きさ」を使って比べることができます。
④1分間あたりに走った平均の道のりは
けいた　48÷3＝16(m)
なおきさんのもけいの自動車のほうが、1分間あたりに走った平均の道のりが長いので、なおきさんのもけいの自動車のほうが速いといえます。

52。 ⑫ 単位量あたりの大きさ 52ページ

❶ ①1、5、72　②60、1.2、1.2
③1.2、20
❷ ①式　15÷20＝0.75
答え　分速 0.75 km(750 m)
式　0.75×60＝45
答え　時速 45 km
②式　20−5＝15(分)、15÷15＝1
1×60＝60　答え　時速 60 km

考え方 ❷ ①1時間は 20 分の3倍と考えて、時速は、15×3＝45(km)と求める方法もあります。
②分速を求めてから時速を求めます。

53。 ⑫ 単位量あたりの大きさ 53ページ

❶ ①65×3＝195(km)
②65×5＝325(km)
❷ 式　120×6＝720　答え　720 m
❸ ①式　□＝150÷50＝3　答え　3時間
②式　50×□＝350
□＝350÷50＝7
答え　7時間
❹ 式　19200÷1600＝12
答え　12 分

考え方 ❶、❷ 道のりは次の公式で求めることができます。
道のり＝速さ×時間
❹ かかる時間を□分とします。
19.2 km＝19200 m だから、
1600×□＝19200　となります。

54. ⑫ 単位量あたりの大きさ 54ページ

1 式 120000÷96=1250

答え 1250人

2 かよ子さん 式 48.6÷9=5.4(kg)

おさむさん 式 69.6÷12=5.8(kg)

答え おさむさんの家の畑

3 ①式 18÷15=1.2

1.2×60=72 答え 時速72 km

②144 km

③秒速20 m

考え方 **3** ①1時間は15分の4倍と考えて、時速は18×4=72(km)と求める方法もあります。

②72×2=144(km)として求めます。

③分速は18÷15=1.2(km)、

1.2 km=1200 mだから、秒速は

1200÷60=20(m)となります。

おうちのかたへ 単位量あたりの大きさを求めるときは、1kgあたり、1 m^2 あたり、1分あたり(分速)…のような単位になる量がわる数になります。2つの量のうちどちらが単位量になるか、問題文をよく読みましょう。

55. ⑬ 四角形と三角形の面積 55ページ

1 ①24 cm^2 ②28 cm^2 ③21 cm^2

④22.5 cm^2 ⑤99 cm^2

⑥17.5 cm^2 ⑦32.5 cm^2

2 ①式 4×4.5=18 答え 18 cm^2

②式 2×5=10 答え 10 cm^2

考え方 平行四辺形の面積は、次の公式にあてはめて求めます。

平行四辺形の面積=底辺×高さ

2 高さが平行四辺形の外にある場合です。

①底辺が4cm、高さが4.5 cmです。

②底辺が2cm、高さが5cmです。

56. ⑬ 四角形と三角形の面積 56ページ

1 ①㋐、㋑、2

②底辺、高さ、2

2 ①6 cm^2

②2.4 cm

3 ①27 cm^2 ②14 cm^2 ③12 cm^2

④20 cm^2 ⑤10.5 cm^2

考え方 **1** 三角形の面積は、次の公式にあてはめて求めます。

三角形の面積=底辺×高さ÷2

2 ①4×3÷2=6

②5×高さ÷2=6

高さ=6×2÷5=2.4(cm)

3 ②底辺が7cm、高さが4cmです。

57. ⑬ 四角形と三角形の面積 57ページ

1 ①(例) ②(例)

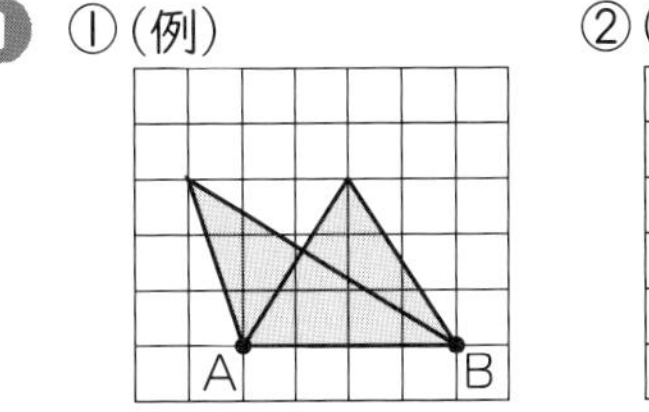

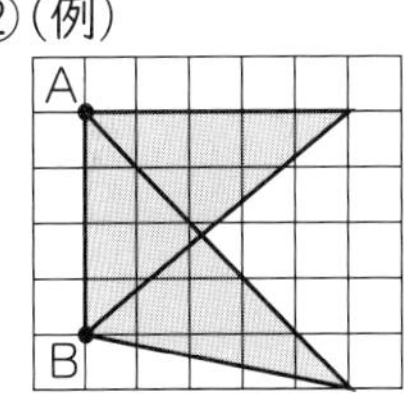

2 ①12 cm^2 ②32 cm^2 ③30 cm^2

3 ①㋐と㋒ ②8 cm^2

考え方 **1** ①辺AB(エービー)を底辺として、高さが3cmの三角形をかきます。②辺ABを底辺として、高さが5cmの三角形をかきます。

2 高さが三角形の外にある場合です。

①底辺が4cm、高さが6cmです。

②底辺が8cm、高さが8cmです。

③底辺が6cm、高さが10cmです。

3 ①㋐、㋑、㋒は底辺が同じ三角形なので、高さが等しいとき、面積が等しくなります。

②㋐と㋓の三角形は高さが同じなので、底辺の長さが2倍になると、面積も2倍になります。

58。⑬ 四角形と三角形の面積 58ページ

❶ 上底、下底、底辺、高さ、上底、下底
台形の面積＝(上底＋下底)×高さ÷2

❷ ①28 cm^2 ②156 cm^2 ③117 cm^2
④42 m^2 ⑤18 m^2

考え方 ❷ 公式にあてはめて求めます。
②高さは12 cmです。
③高さは9 cmです。
④高さは7 mです。
⑤高さは6 mです。

59。⑬ 四角形と三角形の面積 59ページ

❶ 2、4、8、4、8、16

❷ ①式 6×4÷2＝12
答え 12 cm^2
②式 4×7÷2＝14
答え 14 cm^2

❸ ①10 cm^2 ②5倍

考え方 ❷ ①ひし形の面積は、次の公式で求めます。
ひし形の面積
＝一方の対角線×もう一方の対角線÷2
②ひし形の面積と同じように考えて求めます。
❸ 高さが2倍、3倍、…になると、面積も2倍、3倍、…になります。

60。⑬ 四角形と三角形の面積 60ページ

❶ ①50 cm^2 ②52 cm^2 ③28 cm^2
④16 cm^2 ⑤24 cm^2 ⑥27.5 cm^2

❷ 14 cm^2

❸ ①36 cm^2 ②9 cm

考え方 ❶ ②④高さが外にある場合です。
②底辺が4 cm、高さが13 cmです。
④底辺が2 cm、高さが16 cmです。
❷ 大きい三角形の面積から小さい三角形の面積をひくと、
7×7÷2－7×3÷2＝14(cm^2)
また、左右2つの三角形に分けて、
4×2÷2＋4×5÷2＝14(cm^2)
として求めることもできます。
❸ ①三角形の面積は、底辺の長さに比例するので、底辺の長さが4倍になると、面積も4倍になります。
②面積が27÷9＝3(倍)になっているので、底辺の長さも3倍です。

おうちのかたへ 底辺と高さは垂直です。余分な長さにまどわされないようにしましょう。

61。図形の角／偶数と奇数、倍数と約数／分数と小数、整数の関係 61ページ

❶ ①85° ②65°

❷ ①18 cm ②6まい

❸ 12人

❹ ①$\frac{4}{3}$ ②$\frac{5}{7}$

❺ ①0.75 ②0.625 ③3.5
④$\frac{41}{100}$ ⑤$\frac{13}{1}$ ⑥$\frac{109}{100}$($1\frac{9}{100}$)

考え方 ❶ 三角形の3つの角の大きさの和は180°です。
Ⓐ180－(40＋55)＝85
Ⓘ180－(75＋40)＝65
❷ ①最小公倍数を考えます。
❸ 最大公約数を考えます。
❹ ①16÷12＝$\frac{16}{12}$＝$\frac{4}{3}$
②5÷7＝$\frac{5}{7}$

62。分数のたし算とひき算／平均／単位量あたりの大きさ／四角形と三角形の面積 62ページ

❶ ①$\frac{8}{15}$ ②$\frac{4}{3}$($1\frac{1}{3}$) ③$\frac{4}{21}$
④$\frac{11}{18}$ ⑤$1\frac{1}{5}$($\frac{6}{5}$) ⑥$\frac{8}{15}$

❷ ①式 45×100＝4500
4500÷1000＝4.5
答え 4.5 t
②式 18000÷45＝400
答え 400人

❸ ①時速70 km ②105 km
③4時間

❹ ①48 cm^2 ②35 cm^2 ③20 cm^2

考え方 1 分母のちがう分数のたし算、ひき算は通分して計算し、答えは約分しましょう。

2 1 t＝1000 kg です。

3 ①速さ＝道のり÷時間
②道のり＝速さ×時間
③かかる時間を□時間とすると、
75×□＝300
□＝300÷75＝4

4 どの長さが底辺と高さかを考えましょう。
①6×8＝48 (cm²)
② 5×14÷2＝35 (cm²)
③は、上下2つの三角形に分けて、2つの三角形の面積をそれぞれ求めます。

63。 ⑭ 割合 63ページ

1 ①6、15、0.4 ②3、12、0.25
③くみ ④割合(わりあい)
⑤比(くら)べられる量、もとにする量

2 ①㋐0.625 ㋑0.5 ㋒0.6
②バドミントン ③茶道(さどう)

考え方 2 ①㋐20÷32＝0.625
㋑12÷24＝0.5 ㋒21÷35＝0.6

64。 ⑭ 割合 64ページ

1 ①6、24、0.25 ②パーセント、%
③100 ④100 ⑤25

2 式 420÷1400＝0.3
0.3×100＝30 答え 30 %

3 ①8 % ②60 % ③153.9 %
④300 %

4 ①0.09 ②0.27 ③1.3 ④0.008

考え方 3 ①0.08×100＝8 → 8 %
③1.539×100＝153.9 → 153.9 %
④3×100＝300 → 300 %

4 ①9 % → 9÷100＝0.09
④0.8 % → 0.8÷100＝0.008

65。 ⑭ 割合 65ページ

1 ①0.18 ②もとにする量、割合
③300、0.18、54

2 式 60×1.6＝96 答え 96 人

3 ①1.2 ②1.2、1.2、15、15

4 式 □×0.15＝6
□＝6÷0.15
＝40 答え 40 人

考え方 4 もとにする量は、□を使って式をつくり、求めます。

66。 ⑭ 割合 66ページ

1 ①40 ②195 ③800

2 式 260×0.9＝234 答え 234 人

3 式 350×0.2＝70
350−70＝280 答え 280 円

4 式 600×0.25＝150
600＋150＝750 答え 750 円

考え方 1 ①26÷65＝0.4 → 40 %
②130 %＝1.3 150×1.3＝195
③□を使って、比べられる量を求めるかけ算の式に表して考えます。
□×0.03＝24
□＝24÷0.03＝800

2 もとにする量は、「予定人数」の 260 人です。

3 350×(1−0.2)＝280 でも求められます。

4 600×(1＋0.25)＝750 でも求められます。

67。 ⑭ 割合 67ページ

1 ①7 % ②105 % ③40 % ④700 %
⑤0.23 ⑥0.115 ⑦0.009 ⑧2.15

2 ①75 ②315 ③180 ④3200

3 式 4200×0.15＝630
答え 約 630 g

4 式 □×0.12＝180
□＝180÷0.12＝1500
答え 1500 円

5 ①2040 ②1200

考え方 **2** それぞれ次の式を計算します。

①12÷16

②210×1.5

③12.6÷7

④□×0.7＝2240

　□＝2240÷0.7＝3200

5 ①2400×(1－0.15)

＝2040

②□×(1＋0.25)＝1500

おうちのかたへ 小数の割合を100倍すると、百分率(パーセント)になります。百分率を100でわると、小数の割合になります。

68. ⑮ 帯グラフと円グラフ　68ページ

1 ①帯、円　②20、15、10　③4

④2　⑤3、20　⑥12

考え方 **1** ②2つのグラフとも同じものを表しているので、どちらから読み取ってもいいです。それぞれ1めもりが1%になっています。

⑥80×0.15＝12(人)

69. ⑮ 帯グラフと円グラフ　69ページ

1 ①あ15　い10　う6

え25　お13　か6

②「いちばん好きなペット」別の人数の割合（4年生）

犬	ねこ	小鳥	うさぎ	さかな	その他

0 10 20 30 40 50 60 70 80 90 100%

「いちばん好きなペット」別の人数の割合（5年生）

ねこ	犬	小鳥	うさぎ	さかな	その他

0 10 20 30 40 50 60 70 80 90 100%

③

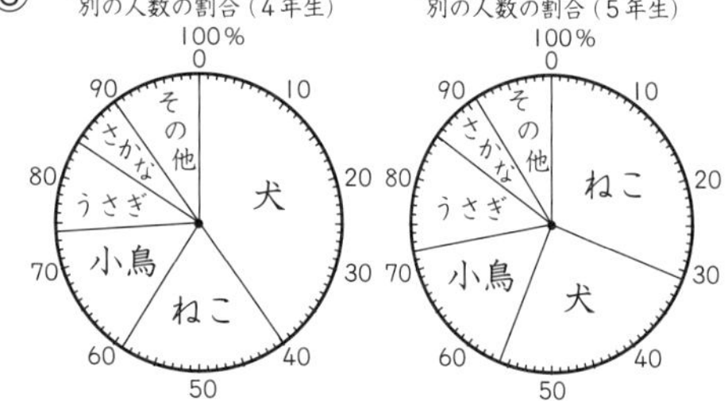

④5、さかな

70. ⑯ 変わり方調べ　70ページ

1 ①

正三角形の数○（こ）	1	2	3	4	5
おはじきの数△（こ）	9	14	19	24	29

②5、1、2、1

③9＋5×(○－1)＝△

④式　9＋5×(30－1)＝9＋5×29

　＝9＋145

　＝154

答え　154こ

考え方 図で表すと、次のようになります。

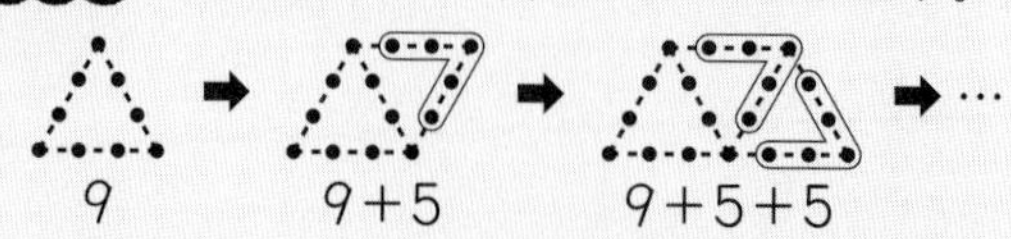

71. ⑰ 正多角形と円周の長さ　71ページ

1 ①等しい、等しい　②正方形　③45°

2 ①正六角形　②正九角形　③正十角形

3 ①○　②×　③×

考え方 **1** ③360÷8＝45

72. ⑰ 正多角形と円周の長さ　72ページ

1 ①円周　②円周率（えんしゅうりつ）、円周、直径

③円周率

2 ①43.96　②9.42

3 式　□×3.14＝37.68

□＝37.68÷3.14＝12

答え　12cm

4 ①あ12.56　い18.84　う25.12

②比例（ひれい）している。　③3倍

考え方 **2**、**3**「円周＝直径×円周率」を利用して求めます。

円周率は、ふつう3.14を使います。

2 ②半径が1.5mだから、直径は1.5×2＝3(m)となります。

4 ②半径が2倍、3倍、…になると、それにともなって円周も2倍、3倍、…になっています。

③半径が2cmから6cmへと3倍になっています。

73。⑱ 角柱と円柱 73ページ

❶ ①㋓、㋑、㋒
②正方形、合同、平行、垂直
③四角柱
④円、2、平行、曲面

❷ ①側面…3つ　頂点…6つ
②2倍　③3倍

74。⑱ 角柱と円柱 74ページ

❶ ①六角柱　②長方形　③10 cm
④点H　⑤辺EF

❷ ①C　②12.56 cm

考え方 ❶ ③側面の長方形のたての長さが角柱の高さになります。

❷ ①底面である2つの円は、組み立てたときに向かい合わなければいけないので、AやBではいけないということになります。
また、Cの位置は、つける辺をまちがえなければ、辺のどこにつけてもかまいません。
②側面の横の長さは、底面の円周の長さに等しくなります。

75。プログラミングを体験しよう 75ページ

❶ ①5、60、5　②5、60、6

❷ 6、90、4、90

76。整数と小数／直方体や立方体の体積 76ページ

1 ①7.48
②3.82、38.2
③0.482、0.0482

2 ①5.4321
②3.1245

3 ①式　3×3×3＝27

答え　27 m^3

②式　5×13×3＋5×5×3＝270

答え　270 cm^3

4 式　深さを□cmとすると、
16×25×□＝2000
400×□＝2000
□＝2000÷400＝5

答え　5cm

考え方 2 ①大きい数字のカードから順にあてはめます。
②3より大きくて3にいちばん近い数3.1245と、3より小さくて3にいちばん近い数2.5431をつくって比べます。

77。小数のかけ算／小数のわり算／偶数と奇数、倍数と約数／分数と小数、整数の関係／分数のたし算とひき算 77ページ

1 ①7.52　②11.52　③361
④0.742　⑤5.5　⑥0.8
⑦3.75　⑧15

2 ①36、72、108　②1、2、3、6

3 ①0.9　②2.75　③$\frac{93}{100}$　④$\frac{2}{1}$

4 ①$\frac{13}{15}$　②$\frac{7}{9}$　③$3\frac{2}{3}\left(\frac{11}{3}\right)$
④$\frac{1}{6}$　⑤$\frac{3}{5}$　⑥$1\frac{1}{12}\left(\frac{13}{12}\right)$

考え方 **1** ①～④整数と同じように計算して、あとから、小数部分のけた数の和だけ、右から数えて小数点をうちます。

⑤～⑧わる数が整数になるように、わられる数とわる数の小数点を、同じけた数だけ（ここでは１けた）、右にうつして計算します。

① $\begin{array}{r} 4.7 \\ \times 1.6 \\ \hline 282 \\ 47 \\ \hline 7.52 \end{array}$　② $\begin{array}{r} 6.4 \\ \times 1.8 \\ \hline 512 \\ 64 \\ \hline 11.52 \end{array}$

③ $\begin{array}{r} 95 \\ \times 3.8 \\ \hline 760 \\ 285 \\ \hline 361.0 \end{array}$　④ $\begin{array}{r} 0.53 \\ \times 1.4 \\ \hline 212 \\ 53 \\ \hline 0.742 \end{array}$

⑤ $6.8\overline{)37.4}$ ＝ 5.5（340、340、340、0）

⑥ $3.5\overline{)2.8.0}$ ＝ 0.8（280、0）

⑦ $9.6\overline{)36.0}$ ＝ 3.75（288、720、672、480、480、0）

⑧ $0.4\overline{)6.0}$ ＝ 15（4、20、20、0）

2 ①９と12の公倍数は、９と12の最小公倍数36の倍数です。

②18と30の公約数は、18と30の最大公約数６の約数です。

3 分数を小数で表すには、分子÷分母を計算します。整数は分母が１の分数で表します。

4 ① $\frac{2}{3}+\frac{1}{5}=\frac{10}{15}+\frac{3}{15}=\frac{13}{15}$

② $\frac{1}{9}+\frac{2}{3}=\frac{1}{9}+\frac{6}{9}=\frac{7}{9}$

③ $2\frac{4}{15}+1\frac{2}{5}=\frac{34}{15}+\frac{7}{5}=\frac{34}{15}+\frac{21}{15}$

$=\frac{55}{15}=\frac{11}{3}\left(3\frac{2}{3}\right)$

④ $\frac{5}{6}-\frac{2}{3}=\frac{5}{6}-\frac{4}{6}=\frac{1}{6}$

⑤ $\frac{2}{3}-\frac{1}{15}=\frac{10}{15}-\frac{1}{15}=\frac{9}{15}=\frac{3}{5}$

⑥ $3\frac{1}{4}-2\frac{1}{6}=\frac{13}{4}-\frac{13}{6}=\frac{39}{12}-\frac{26}{12}$

$=\frac{13}{12}\left(1\frac{1}{12}\right)$

78. 単位量あたりの大きさ／四角形と三角形の面積／割合　78ページ

1 式　１分20秒＝80秒

14×80＝1120　　答え　1120 m

2 ①30 cm^2　②28 cm^2　③24 cm^2

3 ①42.5　②4.5

4 式　□×0.25＝625

□＝625÷0.25＝2500

答え　2500円

5 式　1－0.35＝0.65

800×0.65＝520

答え　520円

考え方 **2** ①形は台形です。

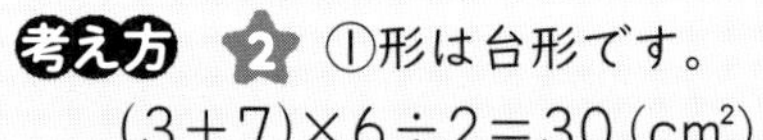

(3＋7)×6÷2＝30(cm^2)

②8×4÷2＋8×3÷2＝28(cm^2)

③形はひし形です。8×6÷2＝24(cm^2)

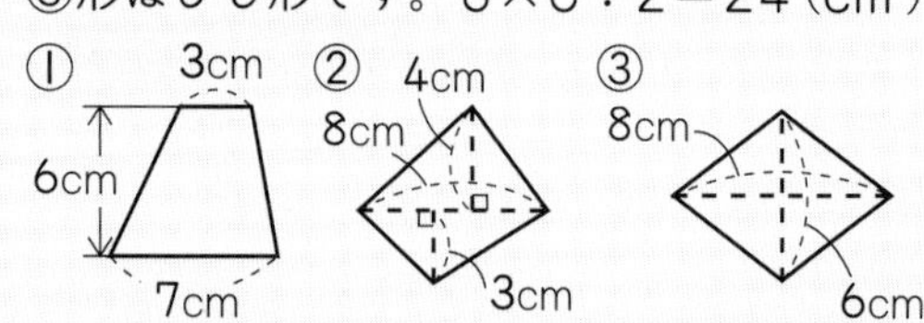

3 三角形の面積は、

8.5×4÷2＝17(cm^2)

①底辺の長さが決まっている三角形では、面積は高さに比例（ひれい）するから、高さが2.5倍になると面積も2.5倍になります。

②高さが決まっている三角形では、面積は底辺の長さに比例します。面積は、

76.5÷17＝4.5(倍)になっています。

5 800×(1－0.35)＝520として求めることもできます。